新农村建设百问系列丛书

肉牛健康养殖技术 100 问

李助南　杨丰利　李　鹏　等　编著

中国农业出版社

新农村建设百问系列丛书

编 委 会

编著者： 李助南　杨丰利

李　鹏　金　巍

让更多的果实"结"在田间地头

（代序）

长江大学校长　　谢红星

众所周知，建设社会主义新农村是我国现代化进程中的重大历史任务。新农村建设对高等教育有着广泛且深刻的需求，作为科技创新的生力军、人才培养的摇篮，高校肩负着为社会服务的职责，而促进新农村建设是高校社会职能中一项艰巨而重大的职能。因此，促进新农村建设，高校责无旁贷，长江大学责无旁贷。

事实上，科技服务新农村建设是长江大学的优良传统。一直以来，长江大学都十分注重将科技成果带到田间地头，促进农业和产业的发展，带动农民致富。如黄鳝养殖关键技术的研究与推广、魔芋软腐病的防治，等等；同时，长江大学也在服务新农村建设中，发现和了解到农村、农民最真实的需求，进而找到研究项目和研究课题，更有针对性地开展研究。学校曾被科技部授予全国科技扶贫先进集体，被湖北省人民政府授予农业产业化先进单位，被评为湖北省高校为地方经济建设服务先进单位。

2012年，为进一步推进高校服务新农村建设，教育部和科技部启动了高等学校新农村发展研究院建设计划，旨在通过开展新农村发展研究院建设，大力推进校地、校所、校企、校农间的深度合作，探索建立以高校为依托、农科教相结合的综合服务模式，切实提高高等学校服务区域新农村建设的能力和水平。

2013 年，长江大学经湖北省教育厅批准成立新农村发展研究院。两年多来，新农村发展研究院坚定不移地以服务新农村建设为己任，围绕重点任务，发挥综合优势，突出农科特色，坚持开展农业科技推广、宏观战略研究和社会建设三个方面的服务，探索建立了以大学为依托、农科教相结合的新型综合服务模式。

两年间，新农村发展研究院积极参与华中农业高新技术产业开发区建设，在太湖管理区征购土地 1907 亩，规划建设长江大学农业科技创新园；启动了 49 个服务"三农"项目，建立了 17 个多形式的新农村建设服务基地，教会农业土专家 63 人，培养研究生 32 人，服务学生实习 1200 人次；在农业技术培训上，依托农学院农业部创新人才培训基地，开办了 6 期培训班，共培训 1500 人，农业技术专家实地指导 120 人次；开展新农村建设宏观战略研究 5 项，组织教师参加湖北电视台垄上频道、荆州电视台江汉风开展科技讲座 6 次；提供政策与法律咨询 500 人次，组织社会工作专业的师生开展丰富多彩的小组活动 10 次，关注、帮扶太湖留守儿童 200 人；组织医学院专家开展义务医疗服务 30 人次；组织大型科技文化行活动，100 名师生在太湖桃花村举办了"太湖美"文艺演出并开展了集中科技咨询服务活动。尤其是在这些服务活动中，师生都是"自带干粮，上门服务"，赢得一致好评。

此次编撰的新农村建设百问系列丛书，是 16 个站点负责人和项目负责人在服务新农村实践中收集到的相关问题，并对这些问题给予的回答。这套丛书融知识性、资料性、实用性为一体，应该说是长江大学助力新农村建设的又一作为、又一成果。

我们深知，在社会主义新农村建设的伟大实践中，有许多重大的理论、政策问题需要研究，既有宏观问题，又有微观问题；既有经济问题，又有政治、文化、社会等问题。作为一所综合性大学，长江大学理应发挥其优势，在新农村建设的伟大实践中，努力打下属于自己的鲜明烙印，凸显长江大学的影响力和贡献力，通过我们的努力，让更多的果实"结"在田间地头。

2015 年 5 月 16 日

目 录

让更多的果实"结"在田间地头（代序）

一、肉牛业发展概述

1. 中国肉牛生产的区域布局及其特点如何？

20 世纪 80 年代以来，中国肉牛生产的区域布局发生了很大的变化，肉牛生产逐渐从牧区向农区转移，根据各地区的资源、市场、区位、肉牛产业发展基础及未来发展方向等多方面因素，已经形成中原、东北、西北、西南四个明显优势区域。

据统计，2008 年肉牛优势区域共存栏 7 499.3 万头肉牛，占全国肉牛存栏数的 70.91%，牛肉产量为 513.9 万吨，占全国牛肉总产量的 83.81%。中原肉牛区包括河北、安徽、山东、河南 4 个省的 51 个县市，该区域拥有丰富的良种资源和区位优势，肉牛存栏和牛肉产量分别占全国的 20.49% 和 37.30%；东北肉牛区拥有丰富的饲料资源优势，包括吉林、黑龙江、辽宁、内蒙古和河北等 5 个省（自治区）的 60 个县市，肉牛存栏和牛肉产量占全国比例分别为 18.84% 和 25.02%；西北肉牛区拥有天然草原优势，包括新疆、甘肃、山西、宁夏等 4 个省（自治区）的 29 个县市，肉牛存栏和牛肉产量占全国比例分别为 9.64% 和 10.05%；西南肉牛区是我国近年来正在成长的一个新型肉牛产区，包括四川、重庆、云南、贵州、广西等 5 个省（自治区、直辖市）的 67 个县市，其肉牛存栏和牛肉产量占全国比例分别为 21.94% 和 11.45%。

根据中国肉牛生产区域布局的变化趋势，结合各地肉牛生产资源禀赋条件、社会及经济条件的变化，可以预测我国肉牛生产区域布局的趋势和方向。长期以来，中国肉牛生产主要集中于内蒙古、新疆、青海等牧区，随着社会、经济的发展和科学技术的进步，中国的肉牛生产区域布局出现了向粮食主产区或油料、棉花产量较高的农区转移的趋势，逐渐形成了中原、东北、西北、西南 4 个优势区域共同发展的格局。今后，我国的肉牛生产应该根据资源、市场、环境等方面的特点，形成既能有效利用资源、提高生产效率，又能满足人们的消费需求、保护环境的可持续发展的区域布局。

从资源禀赋的角度看，作为我国重要的粮食主产区之一的东北地区，农作物秸秆产量高，饲料资源丰富且价格低于全国平均水平，气候条件适宜。根据比较优势原理，应充分发挥该地区肉牛生产资源禀赋优势，使其成为我国重要的肉牛生产地区之一。尽管中原地区也是我国重要的粮食产区，但屠宰加工企业的快速发展与肉牛养殖业的相对缓慢发展，使得该地区已经成为以屠宰为主的牛肉产区。

从市场和区位的角度看，与中心城市距离、价格、成本是决定肉牛产业生产布局的重要因素。以大城市为中心，挖掘大城市周边的肉牛生产潜力，不仅能够较好地满足当地居民的消费偏好，与其他产地相比，能够适当降低运输费用。同时，在进行肉牛生产区域布局时，应充分考虑各地的环境承载力，确定各地能够容纳的肉牛数量，以确保环境安全。只有这样才能保证肉牛产业的稳定、可持续发展。

总的来讲，我国肉牛生产区域趋于由中原地区向东北、西北、西南等地区转移，东北和西部地区将成为架子牛牛源基地，而相对于肉牛养殖，中原地区则是以屠宰加工为主的牛肉产区。

2. 我国发展肉牛业的优势与潜力如何？

我国以农立国，养牛业与农业一样有着悠久的历史，发展肉牛生产优势与潜力巨大。

（1）**我国黄牛品种资源丰富，肉牛良种化高** 我国肉牛产业是改革开放后逐步建立起来的，肉牛育肥主要为本地黄牛。我国地方黄牛品种有 26 个，具有耐粗饲、抗病力强、性情温驯、适应性好、遗传性稳定、肉质好等优良特性。通过引进优良国外肉牛品种进行改良推广，展开杂交育种与经济杂交，地方黄牛品种生产性能有显著提高，培育形成了一些新的品种。东北地区主要以西门塔尔和夏洛来进行杂交改良，提高生长速度；中原地区主要以加大本品种选育力度为主，提高优良地方黄牛品种肉用性能；西部地区主要以瑞士褐牛和安格斯牛进行改良，提高环境适应性。

目前，我国改良肉牛的覆盖率达 20% 左右，肉牛品种良种化水平逐年提高。

（2）肉牛养殖饲料资源丰富　我国是农业大国，每年农区秸秆等农副产品 5 亿多吨，草场资源丰富，为肉牛发展提供了物质基础。我国人多地少，人均粮食不足 500 千克，畜牧业的发展必须走节粮型畜牧业之路，利用农作物副产品发展养牛生产是我国未来畜牧业发展方向之一。

（3）国家继续加强对草场建设和发展草食家畜的政策支持2005 年以来，国家除强化对粮食安全的行政和政策支持以外，继续加强对草场建设和发展草食家畜的投入，无疑对草食家畜的发展有极大的刺激作用。

（4）小康社会对多样化肉牛胴体分割肉的市场需求量大　发达国家的社会发展规律说明，进入小康社会后，牛肉市场出现旺销形势。当人均收入超过 1 500 美元时，优质牛肉的需求量大幅度增加。目前，牛肉进口最多的是广东、辽宁、山东、河北、天津、上海和北京等地，总额达 5 300.12 万美元，占全国牛肉进口总额的 99.49%，且大都是沿海地区。

（5）有机肥生产与肉牛场环境保护体系建设的技术支持　育肥牛的有机粪肥含大量的磷、氮、钾等元素，如果处理得当可以肥田，促进农业发展。我国有机肥的生产技术已经成熟，结合牛场建设生产有机肥，既能支持各种植物生产体系肥料的需要，又能减少环境污染，为企业增加经济收入。

（6）肉牛生产和无规定动物疫病区体系建设相结合的契机 为实施动物疫病区域化管理，提高动物卫生及动物产品安全水平，无规定动物疫病区将是建设绿色食品的优势产区。要使本地区成为未来牛肉生产的强势地区，必须促使肉牛生产和疫病防治体系相结合。

3. 我国肉牛业发展存在哪些问题？

我国肉牛产业发展存在的问题主要有以下五个方面：

（1）母牛养殖发展仍面临政策扶持不足、养殖效益低下、饲草资源制约 当前，母牛养殖发展主要受以下因素影响：

①政策扶持不足 与国外相比，我国对肉牛母牛的养殖扶持力度仍不足，美国对母牛的补贴主要有基础建设投入、灾害补贴、饲料补贴、专项补贴等；欧盟（法国除外）从 2003 年开始，饲养每头繁殖母牛一次性补贴 450 欧元；澳大利亚对母牛的补贴分为直接价格补贴和间接价格补贴，畜产品直接价格补贴率一般为 2%～6%，间接价格一般为 4%～30%；日本采取预算支出方式补贴，主要有犊牛养殖补贴、肉牛育肥场运营补贴、疯牛病监测补贴、危害保险补贴等。

②养殖效益低下 受母牛养殖时间长的影响，效益低下，一般人宁愿出去打工，也不愿养母牛。

③饲草资源制约 随着近年来，国家对草原生态保护的逐步重视，对草场实行退牧还草、禁牧补助及草畜平衡奖励等政策，饲草资源一定程度上成为制约母牛养殖发展的关键因素。因为母牛养殖一般以饲草为主，在饲草资源紧缺的区域，母牛养殖下滑明显。

（2）部分散养户逐步退出，规模化养殖远未弥补散户退出所

减少的养殖量 受我国城镇化进程加快、农民就业渠道多样化发展、劳动用工涨价、相关政策侧重于规模化发展扶持以及应对市场风险能力弱等因素的影响，部分散养户正逐步退出；受用地难、筹资难等突出问题制约，肉牛养殖规模化发展较慢。

（3）肉牛养殖生产方式落后，影响牛肉产品竞争力提升 目前，我国肉牛养殖业仍以分散饲养为主。一方面，我国肉牛养殖的棚圈等基础设施条件落后；另一方面，肉牛养殖的技术服务体系薄弱。另外，缺乏优质种源、母牛繁殖率低等问题突出；肉牛的屠宰加工方面，占据国内 2/3 肉牛屠宰量的小规模屠宰场，设备简陋，生产工艺落后，卫生条件差等现象普遍存在，技术水平仍比较低下。

（4）贷款融资难等问题影响肉牛生产向专业化、规模化转型 肉牛养殖不管是自繁自育还是专业育肥，都存在一次性投入大、投资回收慢的突出特点，贷款融资相对较难。一是在正常金融环境下肉牛养殖由于没抵押、风险大而贷款融资很难，在当前信贷紧缩的现实条件下，肉牛养殖场（户）贷款融资更难。二是受地方财力可用于扶持畜牧业贷款的资金非常有限以及担保公司资本金不足等影响，贷款的融资明显不足。三是贷款期限未与具体的养殖时间、收益时期有效结合，贷款期限过短。四是由于土地经营权相关配套机制不完善、政策性畜牧业保险覆盖面过低等影响，养殖户仍缺乏有效的抵押物。五是受信贷资金成本高等影响，养殖贷款面临高成本。

（5）市场监管机制不完善，制约肉牛业的健康发展 当前，我国肉牛业发展的市场监管机制仍不够完善。屠宰方面，小型屠宰场不规范操作现象仍存在。在流通环节，在没有严格的市场交易约束下，肉牛交易中介机构压低活牛收购价等损害养殖户利益行为时有发生。另外，牛肉走私仍比较明显，大量走私牛肉通过东南亚的"地下"渠道进入中国，对我国肉牛产业带来不利影响，并对食品安全、消费者健康等产生影响。

4. 我国肉牛健康稳定发展应采取哪些措施?

根据我国肉牛生产存在的诸多问题,应采取相应措施,保障肉牛产业的健康、稳定发展。

(1) 加大母牛养殖政策扶持,加强牛源基地建设　政府应加大能繁母牛政策扶持,在母牛业发展基础较好的地方,由地方政府和肉牛龙头企业成立"母牛养殖专项基金",凡繁育一头牛犊的养殖户,可获得专项基金 800～1 000 元奖金;实施后备母牛补贴政策,对优质后备母牛给予一次性补贴,每头补贴 800 元;对规模化母牛养殖场(户)给予财政补贴,母牛养殖数量在 20 头及以上的养殖户给予 3 万～5 万元的补贴,并加大对规模化母牛养殖信贷扶持。鼓励和扶持龙头企业建立繁育基地,扶持有条件的边远山区和牧区发展母牛养殖。扶持规模户发展自繁自养或专门从事母牛繁育,充分依靠规模养殖户发展母牛养殖。同时,应进一步鼓励牧区和边远山区发展母牛养殖,利用其传统的生活习俗和养殖成本低的优势,为广大农区和东部发达地区提供架子牛。

(2) 积极转变肉牛生产发展方式,提高产品市场竞争力　结合当前肉牛养殖业面临的形势,我国的肉牛养殖发展应积极由传统的数量增长发展模式向数量和单产并重提升转变。

养殖方面,注重肉牛优质品种培育,加强先进、适用肉牛生产技术的研发,推广精简化配套实用技术,提高肉牛养殖技术水平。推进肉牛养殖规模化、专业化发展。发展"专业合作社""公司＋基地＋农户""托牛所""联户养殖"等养殖模式,推进发展方式转变,加快标准化养殖小区建设,提高肉牛养殖专业化程度。

加工方面,切实提高小规模屠宰场的技术水平,采用现代化设备,提高生产工艺,并充分发挥龙头企业辐射带动作用,提高产品市场竞争力。

（3）加强对肉牛养殖业发展的资金支持　制定扶持政策，简化肉牛养殖的贷款审批手续，对肉牛养殖场（户）的贷款给予贴息；鼓励发展贷款担保公司等中小型融资公司，不断创新融资主体，为肉牛养殖等畜牧业发展提供灵活、便捷的贷款融资服务；优化贷款性质，延长贷款期限，结合肉牛养殖生产周期和经营特点，把流动资金贷款改变为项目资金贷款，小额贷款期限延长到2年，新建项目的大额贷款期限延长到3～5年；积极争取金融支持。

（4）进一步完善肉牛业市场监管机制　建议出台屠宰管理条例或成立牛肉屠宰加工协会等，从技术角度，制定定点屠宰场标准，建立严格的检验检疫管理制度，规范屠宰市场监管；逐步完善肉牛追溯体系建设，保障产业安全；建立公开、透明的肉牛交易平台，强化监管队伍建设，实现交易环节的公平竞争；加强对牛肉走私的法律监管和打击，从源头上治理牛肉走私。

5. 我国肉牛业发展的趋势如何？

（1）当前肉牛养殖效益好转，并未有效带动养殖户的积极性，未来养殖规模总体依然下降。从调研及实际了解的情况看，从2011年下半年至今，肉牛养殖效益持续走好，但肉牛养殖规模依然在下降，主要是以下因素的影响。

一是我国肉牛养殖以散户养殖为主体，散户养殖规模扩大受资金、土地、养殖成本等因素制约。据调研，小规模户一般认为养牛效益不比打工好，并且犊牛费和饲料费均在明显上涨，从而使得小部分养殖户仍在退出，另外一些养殖户受资金、土地等制约，扩大规模的意愿相对较低。

二是大规模养殖户积极性较高，受牛源紧缺、牛的生长周期长等因素影响，在短时间内很难发展起来。大规模养殖户对扩大规模养殖的积极性较高，但受市场牛源紧缺，犊牛价格高涨、牛的生长周期长等因素影响，在短时间内很难发展起来。

因此，未来肉牛存栏持续保持低位，能繁母牛短期内难以恢复发展，架子牛供求仍呈趋紧态势。

（2）养殖成本持续走高，出栏肉牛价格继续保持增长，养殖效益基本稳定。受架子牛价格上涨，玉米、大豆价格的持续上涨，以及劳动用工费和运输费不断增加等饲养成本和物价因素的相互作用，养殖成本持续走高，肉牛养殖数量有所减少。在养殖量持续减少以及饲养成本居高的情况下，出栏肉牛价格保持小幅增长，养殖效益基本稳定。

（3）牧区、半牧区及南方草山草坡地区肉牛的生态养殖逐步受到重视。这些地区凭借其独特的草地资源优势，尽管草原的生态治理对肉牛养殖产生一定的影响，但目前我国肉牛养殖正在转变生产方式，由数量增长向质量和效益提升转变，肉牛的生态养殖将是今后的发展方向。

（4）奶公犊育肥将在一定程度上弥补牛源的不足。随着肉牛牛源危机加重，部分肉牛养殖者和奶牛养殖户开始饲养奶公犊生产架子牛，进行育肥。以 2010 年全国奶牛存栏 1 420.1 万头，按成年牛 60％，繁殖率 70％，繁殖后代性别比率 50％，犊牛成活率 95％的标准计算，全国奶公犊产量达到 283.3 万头，发展育肥牛潜力很大。

（5）高档牛肉市场需求将推动我国肉牛产业的升级和转型。据相关资料报道，宁夏畜牧工作站与日本国际协力财团、中国农业大学合作，正逐步开展以品种改良、犊牛分户繁育、集中育肥和屠宰加工等为主要内容的高档肉牛生产综合配套技术的引进和集成示范工作。吉林蛟河初步形成了以黑牛为主的高档肉牛产业链，发展黑牛代养殖户 1 万多户。我国首个高档肉牛品种——雪龙黑牛目前已有 1 100 头小母牛落户山西交城山区农户，填补了山西高档肉牛繁殖的空白。高档牛肉市场需求的逐步扩大，将推动我国肉牛产业的升级换代和转型发展。

6. 国外肉牛业发展呈现什么特点？

畜牧业较发达的国家，肉牛业都有较长的历史，并在其发展过程中依据各自的自然条件、饲养习惯或消费者对牛肉的要求，形成了各具特色的生产及经营方式。随着人们对瘦肉需求的不断增长，各国都针对各自的国情和国际市场的情况，在增加牛肉生产方面，开展了较多的研究工作，取得了相应的效果及经验。现就近年来一些国家肉牛研究成果、生产特点及发展趋势概述如下。

（1）肉牛品种趋于大型化　由于多数国家的人们喜吃瘦肉多、脂肪少的牛肉，国际市场上瘦牛肉较受青睐。一些国家除在价格上加以限制外，在生产上多从原来饲养体型小、早熟、易肥的英国品种（如海福特、安格斯、肉用短角牛等）转向欧洲的大型品种（如法国的夏洛来、利木赞，意大利的皮埃蒙特、契安尼娜等专用的肉用种及原产于瑞士的西门塔尔兼用种）。这些品种牛体型大、初生重大，增重快、瘦肉多，脂肪少、优质肉块比例大，饲料报酬高，深受国际市场的欢迎。

（2）广泛开展杂交

①育成新品种　近30年来国外采用杂交方法育成肉用牛新品种21个。如美国的圣格鲁迪牛、婆罗福特牛、肉牛王、夏勃雷牛、比法罗；巴西的卡马亚牛；澳大利亚的墨利灰牛；南非的邦斯玛拉牛等。进行杂交育种要考虑杂交亲本的特征、特性、生产性能和适应性，并重点突出某一特性或某些特性，选出理想的杂交组合。如为了把欧洲牛的高产性能和瘤牛适应热带气候的特性结合在一起，克服欧洲牛在热带及亚热带生产性能和生活力降低的现象，育成了婆罗福特牛、抗旱王等；用美洲野牛与夏洛来和海福特牛育成的比法罗牛，具有增重快、适应性强、耐粗饲、

肉质好等特点。

②综合系繁育 综合系也称合成系。在肉牛育种中，采用综合系繁育，是近 20~30 年间的新育种学实践。建立综合系的遗传学依据是基因的互补效应、自由组合定律和基因的杂合效应。其育种学原则是肉牛经济性状选择，尽力缩小世代间隔以加快遗传进展，长久保持群体杂种优势的配种制度。建系方法是根据当地生态条件、市场分析，拟定吸收什么样的纯种牛品种（一般 4~5 个），然后组织这些牛品种间交配组合，建立基础牛群，之后根据需要和杂种表现而"封闭"群体，停止引入原用的纯种公牛。20 世纪 70 年代以来，继加拿大之后，美国、德国、丹麦、爱尔兰等国家的育种学家相继开展了肉牛综合系建立的研究实践。可以说，在欧美肉牛业发达国家，综合系的发展正处在方兴未艾之中。

③经济杂交 实践证明，通过杂交途径来增加牛肉产量是经济有效的技术措施。两个品种杂交后，杂交后代生产性能比一般的品种提高 15%~20%。采用两品种轮回的"终端"杂交制，杂交犊牛体重可增加 21%，三品种轮回的"终端"杂交制，可使犊牛体重增加 25%。

（3）向奶牛要肉 近些年，国外流行一种新的提法，即"向奶牛要肉"，就是发展生产"奶肉牛"和"奶牛肉"。从生物学观点看，奶牛是利用植物饲料生产的动物蛋白质和脂肪（奶油）效率最高的家畜，而且奶牛在世界总牛数中占有较大的比例，其中可繁母牛在世界上平均占 70%（欧洲最高占 90%以上），在世界畜牧总产值中牛奶一项占 30%，牛肉占 27%，两者合计占 57%。所以说，奶牛是当代畜牧生产的主力与核心。

由奶牛群生产牛肉的途径主要有：绝大部分奶公犊、约占 20%的淘汰母牛、还有一部分低产母牛。此外，在一些牛奶过剩的国家（主要是欧洲的一些国家），把奶用母牛分批用肉用公牛杂交，其后代全为肉用。目前，欧洲生产的牛肉 45%来自奶牛群，美国在牛肉生产中虽采取奶、肉牛分离，但仍有30%的牛肉来自奶牛。

（4）充分利用青粗饲料育肥　在国外，肉牛养殖主要靠放牧或大量青干草和其他青粗饲料进行饲养，补充少量精料和矿物质以弥补营养不足。一般在育肥后期即宰前3个月左右，再加精料催肥，这是肉牛生产最常见的饲养方式。而有些国家完全靠放牧育肥直至出栏，利用草场放牧和青粗饲料生产肉牛，不仅降低生产成本，而且提供较多的瘦肉。

（5）肉牛生产向专业化、集约化、规模化方向发展　国外一些肉牛业发达国家，在肉牛发展过程中，经不断地探索与完善，从纯繁、商品犊牛生产及肉牛育肥，各自形成相对独立而又密不可分的生产管理体系。如美国，肉牛生产分为商品犊牛繁殖场，以饲养母牛、种公牛为主，繁殖的犊牛除按一定比例留种作为后备母牛外，其余犊牛全部在6月龄断奶后出售；而育成牛场专门收购那些断奶体重不足320千克的犊牛，依靠优良的牧草放牧或补饲精料，经2~3个月饲养，体重达320千克以上出售给强度育肥牛场，再经100天左右的育肥，体重达450~500千克出售屠宰。加拿大肉牛生产主要由两部分组成，即牛犊生产者及饲养者，前者提供牛犊，而后者生产育肥牛。饲养方式多采取工厂化、集约化的育肥方法，就是充分利用牛的消化机能，让牛放开肚皮吃饱、吃好，把廉价的草料转化成牛肉。

（6）非蛋白氮的开发与利用　在畜牧业生产中，蛋白饲料的缺乏是当前世界饲料工业中普遍存在的问题。在肉牛生产中，缓解蛋白饲料短缺和降低肉牛生产成本的有效方法之一是利用非蛋白氮替代昂贵的动、植物蛋白。目前，人工合成的非蛋白氮补充饲料有尿素、缩二脲等。其中应用最广泛的是尿素。

（7）生物技术在肉牛业上的研究与应用　目前，国外肉牛业发达的国家，生物技术已广泛用于牛品种资源的引进、保存、育种及商品牛生产。胚胎分割、冷冻、体外授精、性别控制与鉴别以及基因导入的深入研究，逐步应用于肉牛生产中。生物技术在养牛业中必将产生重大的经济效益和社会效益。

二、肉牛的生物学特性

7. 肉牛的一般形态特征有哪些?

（1）毛色　毛色一般与肉牛生产性能无直接关联，有些与皮革品质有关，它是最明显的品种特征。另外，在热带和亚热带地区，毛色与调节体温以及抵抗蚊蝇袭击的能力有关，浅色牛较深色牛更能适应炎热的环境条件并具有较强的抵抗蚊蝇袭击的能力。当今人们饲养的牛绝大多数是家牛，家牛的毛色比较杂化，具有黑、白、黄、红、褐及各种相间的毛色，而未经人类驯养的原牛其毛色是单纯的黑色或暗褐色。

（2）角　在牛的系统发育过程中，角作为防御性器官而被保存下来。角的有无和形状是牛品种特征之一。在有角牛中，角的质地和角基的粗细与骨骼的粗细有直接的关系。我国的大部分黄牛为有角品种。国际上常见的无角品种主要是安格斯牛等。

（3）肩峰及胸垂　肩峰是指牛鬐甲部的肌肉状隆起，胸垂指胸部发达的皮肤皱褶。瘤牛及我国南方牛具有明显的肩峰和胸垂。从环境和生态条件来看，热带地区牛的肩峰和胸垂比温带和寒带地区的牛发达。公牛的肩峰和胸垂比母牛明显发达，这是因为雄激素有助于肩峰和胸垂的发育。

（4）生态适应性

①牛一般耐寒畏热，特别不能耐受高温。

当外界气温高于其体温5℃时便不能长期生存。牛最适温度范围为10~20℃。

高温和高湿对牛的影响较大。牛在相对湿度47%~91%、－11.1~4.4℃的低温环境中不产生异常生理反应。而在同样湿度下，当环境气温上升到 23.9～38.0℃，牛将伴随明显的体温上升，呼吸加快，产奶量下降和发情抑制。因此，牛对湿度的适应性往往取决于环境气温，高温高湿的环境对牛是绝对不利的，而凉爽干燥的环境适宜于牛发挥最大的生产性能。

②黄牛的攀登能力较水牛强，而对低洼地区的适应性水牛要强些。

③牛的抗病力强，含有瘤牛血液的牛对焦虫病有特别抵抗力。牛的显著特点是耐粗、易调教。

（5）其他形态特征

①双肌尻　指牛的尻部和股部肌肉异常发达，肌肉之间由于缺乏脂肪组织填充而形成界线分明的两块。这一现象在夏洛来牛和皮埃蒙特牛等肉牛品种中经常出现，这是一种病态，双肌是种遗传缺陷，应该通过选种克服。北美的夏洛来就没有双肌，外形整洁很好看。

②副乳头　正常情况下，母牛有 4 个乳区，每个乳区有一个乳头，但少部分牛具有额外的 1～3 个乳头，而无相应的乳腺组织，称副乳头。

③体形　牛体形与用途是一致的。肉牛体形一般呈长方形。

8. 肉牛的消化器官有何特征？

牛是反刍动物，有 4 个胃室，即瘤胃、蜂巢胃、瓣胃和皱胃。前 3 个胃称前胃，没有分泌胃液的腺体；皱胃中有胃腺，故又称真胃。中等体格的牛胃容量为 135～180 升。牛与单胃动物不同，牛胃能生成单胃动物的胃所不能生成的一些维生素和某些氨基酸，还能消化大量的粗饲料。只有皱胃和单胃的功能相同。

（1）瘤胃　分背囊与腹囊两部分，但内容物在里面可以自由流动。瘤胃对饲料的消化主要是物理作用和微生物作用。瘤胃的容积大，占胃的容积的 80%，具有贮存食物、加工和发酵食物的功能。瘤胃没有消化液分泌，但胃壁强大的肌肉能强有力地收缩和松弛，进行有节律的蠕动，以搅拌食物。在瘤胃黏膜上有许多叶状突起的乳头，能使食物揉磨软化。瘤胃内含有大量的微生物，可将饲料中70%～80%的干物质和50%粗纤维分解产生挥发性脂肪酸、二氧化碳、甲烷、氨等，用于合成菌体蛋白质和B族维生素，供牛体吸收利用。

（2）蜂巢胃　又称网胃，形如小瓶状。瘤胃、网胃之间有一条由食管延续而来的食管沟相通，饲料可在两胃间往返流动。网胃黏膜上有许多网状小格，形如蜂巢，故称蜂巢胃。其容积占整个胃总容积的5%，其内容物呈液体状态，胃无腺体分泌。进入瘤胃的饲料，较细而稀薄的不再返回而直接进入网胃。网胃周期性的迅速收缩，揉磨食糜并将其送入瓣胃。网胃与瘤胃相连，是异物（铁钉、铁丝等）容易滞留的地方。这些异物，如果不是很锐利的话，在网胃中可长期存在而无损于健康，反之就会形成致命性伤害。

（3）瓣胃　呈圆的球形，较结实，其内容物含水量少，容积占整个胃容积的7%～8%，胃壁黏膜形成许多大小相同的片状物（肌叶），从断面上看很像一叠"百叶"。肌叶可以将食糜中水分压出，然后将干的食团送入皱胃；另一个功能是磨碎粗饲料。

（4）皱胃　皱胃是真正具有消化功能的胃室，故又称真胃。呈长梨形，胃壁黏膜光滑柔软，有许多皱褶，能分泌胃液，胃液中含有盐酸和消化液酶的作用能使营养物质分解消化。胃容积占整个胃容积的7%～8%，其内容物呈流动状态。

牛的4个胃室的相对容积和机能随年龄增长而发生变化。初生牛犊的前两胃很小，结构很不完善，瘤胃黏膜乳头短小而软，尚未建立微生物区系，其消化机能与单胃动物相似，消化主要靠皱胃小肠。当犊牛开始采食植物性饲料后，瘤胃和蜂巢胃很快发育，容积显著增加，皱胃容积相对逐渐缩小。到3月龄时，前3个胃的容积占总容积的70%，黏膜乳头变长变硬，微生物区系建立起来了，也就担负起了重要的消化任务。

（5）牛肠　牛肠特别长，除盲肠和结肠外，成年牛牛肠长近60米。牛肠虽长，但细而体积小，主要分解吸收在胃中未消化完的食物。

9. 肉牛的消化特点有哪些？

牛胃在结构上比单胃动物多了三个胃室，所以形成了牛对饲料消化的特殊性。

（1）瘤胃的作用

①瘤胃的特点　瘤胃的容积大，在瘤胃内存在有大量与牛"共生"的细菌和纤毛原虫（"共生"即牛和瘤胃内的微生物彼此互为依赖而生存）。据研究，1克瘤胃内容物中，含有150亿～250亿个细菌、60万～100万个纤毛原虫。它们不仅数量多，而且种类也很多。牛所吃的食物，主要依靠这些微生物进行发酵分解。消化不同的食物，有不同的微生物参加。变换饲料时，瘤胃内的微生物也随着改变。因此，变换喂牛的饲料时，应逐渐地进行，使瘤胃内的微生物有个适应的过程，以利消化利用。

②瘤胃的作用　牛对粗纤维的消化能力很强。据研究，牛对纤维素的消化率可达50％～90％，而猪只有3％～25％。这是由于牛瘤胃内有大量的微生物，这些微生物在生活过程中能产生纤维素分解酶，将粗纤维进行消化。瘤胃内的细菌还能利用一般家畜不能利用的非蛋白质含氮物，来构成细菌本身的体蛋白质。这些细菌随食物通过瓣胃进入真胃和肠道而被消化，成为牛的蛋白质来源。非蛋白质含氮物在青饲料、青贮饲料和块根、块茎类饲料中含量较多，尤其是在幼嫩的植物性饲料中含量较多。由于瘤胃内的微生物能将它加以利用，因此，使牛能够利用大量的青饲料。

瘤胃内的纤毛原虫具有分解多种营养物质的能力，它能将植物性蛋白质转化为更适合需要、营养价值更高的动物性蛋白质。这些纤毛原虫，最后也将随饲料进入真胃和肠道被消化吸收，成为牛的营养物质。瘤胃内的微生物在活动过程中，除能合成蛋白质外，还可合成 B 族维生素和维生素 K。

（2）网胃的作用与瘤胃相似　当它收缩时，饲料被搅和，部分重新进入瘤胃，部分则进入瓣胃。瓣胃的作用是将瘤胃、网胃送来的食糜挤压和进一步磨碎，然后移进真胃。真胃的消化作用与单胃动物的胃一样。

根据牛的消化特点，在饲养上应充分利用瘤胃微生物的有利作用，尽可能大量地利用廉价而营养良好的青粗饲料，适当搭配一些精料，把牛养好。同时，避免使用口服广谱抗菌药物。

10. 肉牛采食习性如何？

（1）采食特点　牛的上颌没有门齿。采食时，主要依靠灵活有力的舌卷食饲料，以下颌门齿与上颌齿板将饲草切断，将粉碎的饲料混合成食团送入胃内。采食时，不经过仔细咀嚼即将饲料咽入胃内。由于牛的采食很粗糙，容易将混入饲料中的异物误食入瘤胃。尤其是铁丝、钉子等尖锐异物停留在网胃内，容易引起创伤性网胃炎或心包炎。所以在饲料中应避免混入异物。

牛没有上门齿，不能啃食过矮的牧草。牧草高度低于 5 厘米时，放牧的牛不易吃饱。

牛的采食速度因饲料种类、形状、适口性等而不同。采食切短的饲草比长草快，颗粒饲料比粉状饲料快，优质干草比秸秆快。

牛有竞食性，在自由采食时互相抢食。

（2）采食时间　在自由采食情况下，牛全天采食时间为 6～8 小时，放牧的比舍饲的时间长。当气温低于 20℃时，自然采食时间有 68％分布在白天，气温超过 27℃时，白天采食时间相对减少，天气过冷时，采食时间延长。通常肉牛 1 天采食 10 次，一般有 4 个采食高潮（采食时间长而快），总采食时间约 6 小时。所以，在肉牛的饲养管理中，采取定时上槽时也应给肉牛采食时间不少于 6 小时，也不必过于延长，延长也不会增加采食量，反而影响肉牛的休息，使饲喂效果下降。

（3）采食量　牛的采食量与它的体重密切相关。正常情况下，生长育肥牛为 2.4％～2.8％。

牛的采食量受到许多因素的影响，如饲料品质、日粮组成、牛的生理状况和环境温度等。

饲料品质是影响采食量的主要因素。饲料品质好，采食量高。优质干草的采食量高于秸秆；幼嫩、多汁的饲料高于粗老、干枯的饲料。饲料的消化率高，采食量也高。

日粮组成不同，采食量也不同。日粮完全由粗饲料组成时，采食量低；日粮中精饲料逐渐增加时，采食量随着增加。精料干物质占日粮 30％以上时，采食量不再增加；精料干物质占日粮 70％以上时，采食量随着下降。

牛的生理状况也影响采食量。牛的生长期、妊娠初期、泌乳高峰期的采食量较高；母牛妊娠后期采食量减少。膘情好的牛按单位体重计算，采食量低于膘情差的牛。

环境温度较低时，牛的采食量增加；环境温度高于 27℃时，食欲下降，采食量减少。

安静的环境、群饲自由采食及适当延长采食时间、饲料加工调制等也可增加牛的采食量。

肉牛的鼻唇镜（俗称鼻头）黏液腺十分发达，不停地分泌黏液，这是肉牛健康的标志之一，采食时分泌量较大，饲草料沾上这种黏液过多，肉牛就不爱吃，所以饲喂时少喂多添，可减少饲草的浪费。

（4）反刍与嗳气

反刍：牛采食后，饲料在瘤胃内被浸润和软化，经 0.5～1.0 小时后又被逆呕回口腔内，再仔细咀嚼后咽下，这个过程称为反刍。反刍的生理功能是使饲料得到充分咀嚼，并混入唾液，有利于消化以及中和饲料在瘤胃内发酵产生的酸，促使食团容易通过网胃和瓣胃，进入皱胃。

正常情况下，成年牛每天约有 15 次的反刍周期，总时间为 7～8 小时。牛患病、过度劳累、饮水不足、饲料品质不良、环境干扰等都会抑制反刍或引起反刍异常。

嗳气：是指牛的瘤胃微生物的发酵作用而产生的大量气体（主要为二氧化碳、甲烷等）排出过程。

三、肉牛的品种

11. 中国黄牛有哪些特征？

我国地方良种黄牛具有耐粗饲、抗病力强、性情温驯、适应性好、遗传性稳定、肉质好等优良特性，属于肉役或役肉兼用型品种。与国外肉牛相比，中国黄牛也存在生长速度慢、后躯发育不良、母牛泌乳量少等缺点，直接影响了其肉用生产性能。

中国黄牛的代表性品种有秦川牛、南阳牛、鲁西牛、晋南牛和延边牛等。中国黄牛均属于中等体型的晚熟品种，6月龄以内的哺乳犊牛生长发育较快，6月龄至4岁生长发育减慢，日增重明显降低。

产肉性能良好，平均净肉率高。在良好饲养条件下，日增重能达到800克以上。高度育肥后，屠宰率60％以上。肉质细腻，脂肪分布好，滋味鲜美，肉味浓而不腥膻，肉骨比高、胴体脂肪比例低、肌肉比例高、眼肌面积大，可用于生产高档牛肉。

12. 中国优良地方黄牛品种主要包括哪些？

黄牛是我国分布最广、数量最多的大家畜。依其分布区域和生态条件的不同，可分为北方牛、中原牛和南方牛三大类型。

中原牛包括分布于中原地区的秦川牛、南阳牛、鲁西牛、晋南牛；北方牛包括延边牛、蒙古牛、哈萨克牛；南方牛包括南方各地的黄牛品种，如温岭高峰牛、闽南牛、大别山黄牛等。

就个体生产能力而言，以中原牛质量为高；就体型大小来说，中原牛最大、北方牛次之、南方牛最小。

（1）秦川牛　秦川牛是我国著名的大型役肉兼用品种，原产于陕西渭河流域的关中平原，目前饲养的总数在 80 万～100 万头。

①体型外貌　毛色以紫红色和红色居多，约占总数的 80%，黄色较少。头部方正，鼻镜呈肉红色，角短，呈肉色，多为向外或向后稍弯曲；体型大，各部位发育均衡，骨骼粗壮，肌肉丰满，体质强健；肩长而斜，前躯发育良好，胸部深宽，肋长而开张，背腰平直宽广，长短适中，荐骨部稍隆起，一般多是斜尻；四肢粗壮结实，前肢间距较宽，后肢飞节靠近，蹄呈圆形，蹄叉紧、蹄质硬，绝大部分为红色。

②肉用性能　秦川牛肉用性能良好。成年公牛体重 600～800 千克。易于育肥，肉质细致，瘦肉率高，大理石纹明显。18 月龄育肥牛平均日增重为 550 克（母）或 700 克（公），平均屠宰率达 58.3%，净肉率 50.5%。

（2）南阳牛　南阳牛属大型役肉兼用品种，产于河南省的西南部南阳地区，总数约 130 万头。

①体型外貌　毛色多为黄色，其次是米黄、草白等色；鼻镜多为肉红色，多数带有黑点；体型高大，骨骼粗壮结实，肌肉发达，结构紧凑，体质结实；肢势正直，蹄形圆大，行动敏捷。公牛颈短而厚，颈侧多皱纹，稍呈弓形，鬐甲较高。

②肉用性能　成年公牛体重为 650～700 千克，屠宰率在 55.6% 左右，净肉率可达 46.6%。该品种牛易于育肥，平均日增重最高可达 813 克，肉质细嫩，大理石纹明显，味道鲜美。南阳牛对气候适应性强，与当地黄牛杂交，后代表现良好。

（3）鲁西牛　鲁西牛具有较好的肉役兼用体型，耐苦耐粗，适应性强，尤其抗高温能力强。原产于山东省西南部，目前约有 45 万头。

①体型外貌　被毛有棕色、深黄、黄色和淡黄色四种，以黄色为主，约占总数的 70%，一般牛毛色为前深后浅，眼圈、口轮、腹下到四肢内侧毛色较淡，毛细而软。体型高大、粗壮，结

构匀称紧凑，肌肉发达，胸部发育好，背腰宽广，后躯发育较差；骨骼细致，管围较细，蹄色不一，从红到蜡黄，多为琥珀色；尾细长呈纺锤形。

②肉用性能　鲁西牛体成熟较晚，成年公牛平均体重 650 千克，育肥性能良好，皮薄骨细，肉质细嫩，1～1.5 岁育肥平均日增重 610 克。18 月龄屠宰率可达 57.2%，并具明显大理石状花纹。鲁西黄牛肉质鲜嫩，肌纤维间均匀沉积脂肪形成明显的大理石花纹，具有无可比拟的良种优势。

（4）晋南牛　晋南牛属大型役肉兼用品种，产于山西省西南部汾河下游的晋南盆地，其中以万荣、河津和临猗等县所产的牛最好。

①体型外貌　毛色以枣红色为主，其次是黄色及褐色；鼻镜和蹄趾多呈粉红色；体格粗大，体较长，额宽嘴阔，俗称"狮子头"。骨骼结实，前躯较后躯发达，胸深且宽，肌肉丰满。

②肉用性能　晋南牛属晚熟品种，产肉性能良好，平均屠宰率 52.3%，净肉率为 43.4%。

13.　我国引进的肉牛品种主要有哪些?

我国从国外引进的肉牛品种按其体型大小和产肉性能，大致可以划分为三大类。

（1）中小型早熟品种　主要产于英国，其特点是生长快，胴体脂肪多，皮下脂肪厚，体型较小。一般成年公牛体重 550～700 千克，母牛 400～500 千克，成年母牛体高在 127 厘米以下为小型，128～136 厘米为中型。如英国的海福特牛、短角牛、安格斯牛等。

（2）大型品种　产于欧洲大陆，原为役用牛，后转为肉用。其特点是体格高大，肌肉发达，脂肪少，生长快，但较晚熟。成年公牛体重 1 000 千克以上，母牛 700 千克以上，成年母牛体高在 137 厘米以上。如法国的夏洛来牛、利木赞牛、意大利的皮埃蒙特牛等。

（3）兼用品种　多为乳肉兼用或肉乳兼用，主要品种有西门塔尔牛、瑞士褐牛和丹麦红牛（表1）。

表1　部分肉牛品种特性

类型	品种	原产地/育成地	主要外貌特征	主要生产性能
肉牛	夏洛来牛	法国	毛色为乳白或白色	屠宰率65%～68%、净肉率54%以上
	利木赞牛	法国	被毛黄红色，口鼻与眼圈周围、四肢内侧及尾帚毛色较浅（即"三粉"特征）	屠宰率63%以上，肉骨比为12～14∶1
	海福特牛	英国	具有"五白"特征即头、颈垂、腹下、四肢下部及尾帚为白色，皮肤为橙黄	早熟，屠宰率一般为60%～65%
	安格斯牛	英国	体格较小，无角，被毛为黑色，红色安格斯牛毛色暗红或橙红	肉质优，屠宰率60%～65%
乳肉	西门塔尔牛	瑞士	毛色多为黄白花或淡红白花	乳肉兼用。育肥后屠宰率60%，一般母牛的屠宰为53%～55%，产奶量4000千克左右，乳脂率3.9%
	短角牛	英国	有角或无角，毛色多为深红色或酱红色	乳肉兼用牛，产奶量2800～3500千克，乳脂率3.5%～4.2%，肉用型屠宰率65%
	三河牛	中国	毛色为红（黄）白花	乳肉兼用，年平均产奶量4000千克以上，乳脂率4%，屠宰率50%～55%
	婆罗门牛	美国	角粗长，毛色以深浅不同的灰色和深浅不同的红色为主	育肥后屠宰率可达60%～65%
	辛地红牛	巴基斯坦	角小，被毛多为暗红色，亦有不同深浅的褐色	乳役兼用品种，泌乳期产奶量1500～2000千克，乳脂率4.9%～5.0%

14. 我国肉牛品种培育情况如何？

中国黄牛是我国培育新型肉牛品种的基础，利用导入杂交可在不改变原品种育种方向，保留原品种大部分优点的前提下，克服原品种的某些缺点。例如，秦川牛是我国著名的地方良种黄牛，具有体躯高大、结构匀称、遗传稳定、肌肉丰满、肉质细嫩、瘦肉率高、早熟等优点，但也有尻部尖斜、股部肌肉不充实等缺点。十几年来，西北农林科技大学的育种专家和技术人员，对秦川牛进行了本品种选育和引入肉用短角牛、丹麦红牛、西门塔尔牛进行导入杂交，加强了秦川牛后躯的发育，基本克服了尖斜尻现象。

我国肉牛育种工作起步较晚，先后引进国外肉牛品种进行育成杂交培育出三河牛、中国草原红牛和新疆褐牛等培育品种。夏南牛是以法国夏洛来牛为父本，以我国地方良种南阳牛为母本，经导入杂交、横交固定和自群繁育三个阶段的开放式育种，培育而成的肉牛新品种。2007 年 5 月 15 日，在北京通过了国家畜禽遗传资源委员会审定。

（1）三河牛　三河牛是由呼伦贝尔草原的蒙古牛和许多外来品种经过半个多世纪的杂交选育而成的，含有西门塔尔牛、雅罗斯拉夫牛、霍尔莫高尔牛、西伯利亚牛和蒙古牛的血统。20 世纪 50 年代中期，在呼伦贝尔岭北地区建立国有牧场，在各级领导关怀和重视下，各科研院校的大支持下，本着以品种选育为主，适当引进外血为辅的育种方针，三河牛有计划开展科学育种工作。通过建立种牛场，组织核心群，选培和充分利用优良种公牛，开展人工授精，严格选种选配，定向培育犊牛，坚持育种记录，建立饲料基地，加强疫病防治等一系列措施，三河牛无论从质量和数量方面都有一个飞跃，体形外貌基本趋于一致，形成耐粗饲、宜牧、抗寒、适应性强、产奶高、抗病力强、遗传性稳定的优良品种。

（2）中国草原红牛　中国草原红牛是由内蒙古引进兼用型短角牛改良蒙古牛育成，具有体质结实、结构匀称，毛红色或深色，生产性能较高，遗传性稳定，适应性强，经济效益显著等特点。在以放牧为主的饲养条件下，18月龄阉牛体重达300千克，屠宰率52%以上，蛋白质含量19%～20%。

（3）新疆褐牛　新疆褐牛是引用瑞士褐牛和阿拉塔乌牛对本地黄牛进行杂交改良，经长期选育而成。目前，该品种牛约有45万余头。

新疆褐牛属于乳肉兼用品种，主产于新疆伊犁和塔城地区。早在1935—1936年，伊犁和塔城地区就曾引用瑞士褐牛与当地哈萨克牛杂交。1951—1956年，又先后从苏联引进几批含有瑞士褐牛血统的阿拉塔乌牛和少量的科斯特罗姆牛继续进行改良。1977年和1980年又先后从德国和奥地利引入三批瑞士褐牛，这对进一步提高和巩固新疆褐牛的质量起到了重要的作用。历经半个世纪的选育，1983年通过鉴定，批准为乳肉兼用新品种。

新疆褐牛在自然放牧条件下，中上等膘情，1.5岁的阉牛宰前体重235千克，屠宰率47.4%；成年公牛433千克时屠宰，屠宰率53.1%，眼肌面积76.6厘米^2。该牛适应性好，抗病力强，在草场放牧可耐受严寒和酷暑环境。

（4）夏南牛　夏南牛肉用性能好。12～15月龄的未育肥公牛屠宰率60.13%，净肉率48.84%，肌肉剪切力值2.61，肉骨比4.8∶1，优质肉切块率38.37%，高档牛肉率14.35%。夏南牛耐粗饲，适应性强，舍饲、放牧均可，在黄淮流域及以北的农区、半农半牧区都能饲养。夏南牛具有生长发育快、易育肥的特点，大面积推广应用有较强的价格优势和群众基础。夏南牛适宜生产优质牛肉和高档牛肉，具有广阔的推广应用前景。

四、肉牛的选育与选配

15. 如何进行肉牛的外貌鉴定？

肉牛的体形外貌鉴定方法有三种：肉眼鉴定、评分鉴定和测量鉴定。

（1）肉眼鉴定 肉眼鉴定又称肉眼观察。鉴定人员一般距牛3～5米，通过用眼睛观察牛的外貌，并借助于手的触摸，分析牛的整体结构、各部位发育程度、肌肉弹性及结实程度等，来判断肉牛产肉性能的高低，并对牛体的各个部位以及整体进行鉴定的方法。

①体格 体格大小与早熟程度有关。从产肉量的角度看，牛的体格应该较大，但太大的体格常伴随着粗糙的体质、低劣的牛肉品质、晚熟。大多数情况下，中等体格的牛，适应性、活力等都比较好。

②肌肉度 肉牛单条肌肉或一群肌肉的重量与胴体总肌肉中的相关系数为0.93～0.99，肉牛臂、前臂、后膝和后腿上部肌肉发达则全身肌肉发达。

肌肉度要通过观察牛体肌肉分布最高而其他部位最少的部位来评定，如臂、前臂、后膝和后腿上部。当牛行走时，观察肩部和后膝部肌肉的运动和凸凹状态。肌肉真正发达的牛体表不平整，在肌肉与肌肉之间表现出沟痕。从牛的胸围和腰部看，比肩和后躯稍狭。

③肥度 肥度在体型评定上通常是指皮下脂肪着生程度，膘的增长常由后肋、阴囊等处沉积脂肪的程度得以表现。观察的方法是看肋间、腰角、肩窝、肋部和阴囊部浑圆程度以及前胸和颈

部的饱满度。

用肉眼鉴别牛的外貌，不需要任何工具，就可以了解整个牛体各部位的结构和特征，以及它们之间的协调性。但是采用这一方法时，鉴别人员必须具有丰富的经验，才能得出比较正确的结果。对于初次担任鉴别人员，除了肉眼鉴别外，还应采用测量鉴别和评分鉴别的方法，以弥补肉眼鉴别的不足和避免产生主观的看法。

（2）评分鉴别　随着乳牛体型线形评分法的普及，意大利人法罗巴针对肉牛的选育和杂交改良的需要，经过多年的试用，于1993年提出肉用牛体型线形评分标准。

评定的项目是按肉用牛评定的要求，分为肌肉发达程度、骨骼的粗细和皮肤的厚薄，共4类16项，原法为10分制。我国在肉牛体型线形评定时，与奶牛线形评分相似，折合成5分制。4个系统包括结构、肌肉、细致度和乳房，其中结构包括头大小、腰平整、尻倾斜、后肢姿势和系部6项；肌肉度包括鬐甲、肩部、腰宽、腰厚、大腿肌肉和尻形状6项；细致度包括骨骼和皮肤；乳房包括附着伸展和容量。

（3）测量鉴定　测量鉴定是用测量工具，对牛体各部位进行测定，用来鉴定肉牛选育效果的一种方法。

测量鉴定先看生产记录，了解牛只的品种、年龄、胎次以及体尺、体重、泌乳量、营养健康状况等。测量时，应让被测牛自然站立在平坦的场地上，先以牛为中心，以距离牛只5~8米的距离为半径绕牛一周，对整个牛体进行鉴定，了解牛体的整体生长发育情况，然后再由前往后，由上而下，观察牛的各个部位。

体重是肉牛生产性能的重要指标，最准确的方法是直接称量，一般在早晨空腹进行，连续称两天取平均数。如果无法或不便称量，只有进行体重估测。

为了观察及检查在生产条件下的生长情况，测量部位除了体重外，测定项目可由5个（鬐甲高、胸围、体斜长、胸宽、管围）到 8 个（尻高、腰角宽、胸深）。在研究牛的生长规律时，则测量部位可增加到 13～15 个，即除上述 8 个部位外，再加上头长、最大额宽、背高、十字部高、尻长、髋股关节宽和坐骨端宽等 7 个部位。

16. 肉牛的体型外貌有哪些基本特点？

（1）从肉牛的整体来看，肉用牛的外貌特点是：体躯低垂，皮薄骨细，全身肌肉丰满、疏松而匀称，细致疏松型表现明显。前望、侧望、上望和后望，均呈"矩形"。

前望：由于胸宽而深，鬐甲平广，肋骨十分弯曲，构成前望矩形。

侧望：由于颈短而宽，胸、尻深厚，前胸突出，股后平直，构成侧望矩形。

上望：由于鬐甲宽厚，背腰和尻部广阔，构成上望矩形。

后望：由于尻部平宽，两腿深厚，同样也构成后望矩形。

正由于肉牛体型方整，在比例上前后躯较长而中躯较短，全身显得粗短紧凑。皮肤细薄而松软，皮下脂肪发达，尤其是早熟的肉牛，其背、腰、尻及大腿等部位的肌肉中，夹有丰富的脂肪而形成大理石纹状。被毛细密而富有光泽，呈现卷曲状态的，是优良肉用牛的特征。

（2）从肉用牛的局部来看，与产肉性能相关的有鬐甲、背腰、前胸和尻等部位，其中尤以尻部为最重要，是生产优质肉的主要部位。

①头　宽、厚、短。眼大有神，口宽大，唇不下垂。头部肌肉附着丰满。

②颈　颈比较粗短而肌肉发达，头与颈、颈与肩结合良好。

③胸部　肋骨弓圆，肌肉附着良好，肋部宽深。前胸饱满，突出于两肋之间，肉垂大而丰满。

④鬐甲　要求宽厚多肉，与背腰在一条直线上。前胸饱满，突出于两前肢之间。垂肉细软而不甚发达。肋骨比较直立而弯曲度大，肋间隙亦较窄。两肩与胸部结合良好，无凹陷痕迹，显得丰满多肉。

⑤背、腰　要求宽广，与鬐甲及尾根在一条直线上，显得十分平坦而多。沿脊椎两侧和背腰肌肉非常发达，常形成"复腰"。整个中躯呈现一粗短圆筒形状。

⑥腹部　大小适中，呈圆筒状，肷部充实，不下垂。

⑦尻部　应宽、长、平、直而富于肌肉，忌尖尻和斜尻。两腿宽而深厚，显得十分丰满，腰角丰圆，不可突出。坐骨端距离宽，厚实多肉，连接腰角，坐骨端宽与飞节3点，要构成丰满多肉的肉三角形。

⑧乳房　发育良好，乳头大小、长短一致，排列开阔整齐。

⑨四肢　粗而短，肢间距离宽。健壮结实，肢势正确，肌肉向下延伸较长，而且附着良好。

⑩皮肤和被毛　皮肤较厚而松软，毛密有光泽。

有不少科学工作者将肉牛的外貌特征总结为"五宽五厚"，即"额宽、颈宽、胸宽、背宽、尻宽；颊厚、垂厚、肩厚、肋厚、臀厚"。

17. 如何进行肉用种公牛和母牛的选择？

（1）肉用种公牛的选择　作种用的肉用型公牛，其体质外貌和生产性能均应符合本品种的种用畜特级和一级标准，经后裔测定后方能作为主力种公畜。

肉用性能和繁殖性状是肉用型种公牛极其重要的两项经济指标。其次，种公牛须经检疫确认无传染病，体质健壮，对环境的适应性及抗病力强。

判断个体公牛遗传性的最好办法是后裔测定，只有根据后代性能判定的结果才是最可靠的。用几头公牛的同月龄的儿子或女儿饲养在同样的生活条件下，测定公牛后代在不同育肥阶段或全期的日增重及每增重 1 千克所需能量与可消化的蛋白质数量。屠宰后计算屠宰重、屠宰率、净肉重、净肉率等等。只有经后裔测定合格的公牛才能用于种用。

（2）肉用母牛的选择 人们在进行肉牛生产时，首先强调的是选择公畜的重要性。但是，拥有繁殖性能好、生产性能一致、泌乳良好、体格大、母性好、体大健壮且个体之间较为一致的母牛群也十分重要。因此，选择肉用生产母牛，应重点考虑以下几方面：

①繁殖效率 据研究表明，3 个主要肉牛选择性状中其相对经济回报，繁殖性状是生产性状的 2 倍，是胴体性状的 20 倍。很明显，繁殖性能在母畜的选择与淘汰计划中占有极其重要的位置。由于有关受精力与繁殖的性状的遗传力不高。换句话说，不可能对它们期望有更高的选择反应。母牛的长寿对繁殖效率的表现很重要，母牛长寿就意味着可降低留用的后备母牛的比例，从而可提高繁殖效率。繁殖母牛平均利用寿命为 8.5 岁（4～5胎）。在优良的牛群中，如母牛能在 2 岁时产头仔，那么就可生产 6 胎。

建议改进母牛群繁殖效率的程序如下：比计划所需多留50% 后备小母牛（即需 100，则留 150）；在小母牛 14～15 月龄时配种，对后备小母牛比成年母牛提前 20～30 天配种；在 45～60 天的配种季节内，配完后备母牛与母牛；配种后 60 天，对所有母牛做妊娠检查，淘汰未妊娠的母牛；每隔 12 个月，淘汰未能产犊的母牛。

②气质或类型 高繁殖性能的母牛结构匀称，外表能表现出良好的母性、面部、喉部、颈部整洁，身体清瘦，肌肉发育长而圆滑、胸部、肩胛上部、胁部整洁，髋要长，臀角要高而宽。相反，繁殖性能差的母牛表现为前部粗糙、极端深胸、不平衡，它

们的乳头似乎功能不良。就后备母牛体格大小来说，应选择体格稍大的母牛，这是因为这样的母牛寿命长，产犊率高，牛犊断奶体重大。但体格太大的母牛会消耗太多的饲料，特别是成年后体重过大，消耗量也过大。后备牛应深腭、口鼻宽阔，外观有明显种用的形态，但一定要避免全身粗糙、前部发达以至于显得有些雄性化的母牛。如要购买成年母牛，母牛年龄应在 4～8 岁，这一时期的生产水平最高。出于适应性的考虑，应选择后裔及性能测试表现出明显遗传优势的母牛。

③产奶量　提高产奶量与增加牛犊断奶体重有极高的正相关。但过高的产奶量对母牛的整个性能及经济效益产生不利影响。泌乳期平均日产奶量约 5.44 千克的母牛，每 10 千克方可转化 1 千克牛肉。当产奶量超过这一水平时，转化率就开始下降，高产母牛也易患乳房炎。另外，过高的产奶量与断奶体重与低的繁殖性能有强烈的相关，但要确定母牛 1 天究竟应产多少奶才合适应由育种计划通过营养需要、期望牛犊达到的性能指标、母牛的繁殖效率来决定，将这些因子与当前的经济成本和回报等结合起来，才是确定产奶量的最佳标准。母牛体格一些外观性状，如体脂肪的分布、长而细的颈部、甲高削、肋骨外突、肌肉发育如何等与产奶量的相关较低（0.10～0.24），但体格大小与产奶量呈正相关。身躯大的后备母牛能吃更多的饲料，产更多的乳。体格较大的后备牛一般可以更早配种，产仔也容易一些，将饲草转化为乳汁及牛犊体重的效率也更高。由于乳房离地面较高，不易受脏物污染，外伤也少。母牛第 1、第 2 泌乳期的产量与终生产奶量有很高的遗传相关，所以应尽早进行产奶量的选择。第 1 泌乳期产奶量太高、太低的母牛均应从牛群中淘汰。

18. 肉牛选配方法主要有哪些？

肉牛的选配方法可分品质选配和亲缘选配两种。

（1）品质选配　品质选配也称选型交配，是一种确定公、母牛交配时，根据在生产性状、生物学特性、外貌，特别是遗传素质等方面的品质间的异同情况而进行选配的方式。品质选配又可分为同质选配和异质选配。

①同质选配　也称同型选配或选同交配。这是一种以主要经济性状表型值具有相似性优点为基础的选配方式，即选用性能表现一致、育种值均高的种公、母牛交配，以期获得与双亲相一致或相似甚至优于双亲的优秀后代。

为了提高同质选配的效果，选配应以一个性状为主，一般遗传力高的性状比遗传力低的性状的效果要好。但是，若长期采用同质选配，遗传上缺乏创造性，适应性和生活力下降。因此，在牛群中应交替采用不同选配方法。

②异质选配　也称异型选配或选异交配。这是一种以主要经济性状表型不同为基础的选配。异质选配的目的是将双亲优点集中于后代，创造一个新类型，或者以一亲代的优点去克服另一亲代的缺点和不足，使后代获得的主要品质一致。

采用异质选配可以综合双亲的优良特性，丰富牛群的遗传基础，提高肉牛的遗传变异度；同时，还可以创造一些新的类型。但是，异质选配使各生产性能趋于群体平均数，为了保证异质选配效果，必须坚持严格的选种和经常性的遗传参数估计工作。

选配的应用，在肉牛育种初期，为了获得和巩固一定的品质，以采用同质选配较为合适；到育种后期，所期望的类型已经大体形成，为了提高生活力和增强体质而采取不同品质甚至异质选配更合适。同时，选配工作应坚持一定时期或一定世代，才能获得长期的改良效果。一次性的选配，不管是同质或异质，所获得的进展都可能很快消失，这是自然选择对人工选择的回归作用。

（2）亲缘选配　亲缘选配是一种在考虑生产性能和特性特征的前提下，根据亲缘关系远近的公、母牛之间交配的选配方法，若双方亲本有较近的亲缘关系，属于近交；反之则为非亲缘交配，称为远交。畜牧学上，将6代以内亲缘个体间的交配定义为近交，6代以上个体间交配定义为远交。

①近交 人们普遍知道"近交有害"，一般都应避免近交。但是为了某种目的而采用有亲缘关系个体间的选配，其近交系数可超过25%。因为近交能使后代的某些基因纯化，在培育高产水牛的工作中，如果能巧妙地运用近交的特点，可以收到意想不到的效果。其主要的用途有如下几点：

固定优良性状：近交的基本效应是使基因纯合，因而可以利用这种方法来固定优良性状。近交多用于培育种公牛，使其优良性状稳定地遗传给后代。

剔除有害基因：通过近交，基因趋于纯合，有害隐性基因得以暴露，将表现不良性状的个体淘汰，特别是带有致死基因或半致死基因的公牛不能使用。

保持优良个体的血统：借助近交，可使优秀祖先的血统长期保持较高的水平。因此在牛群中若发现某些出类拔萃的个体而需要保持其优良特性时，可考虑用这头公牛与其女儿交配或子女间交配，或用其他近交形式，以达到目的。

提高牛群的同质性：近交使基因纯合，可造成牛群分化，出现各种类型的纯合体，再结合选择，可获得比较同质的牛群。若将各同质牛群间进行杂交，可显示杂种优势，使后代一致，便于规范化饲养管理。

虽然近交对育种工作有好处，但近交会引起种质衰退，后代出现生活力和繁殖力下降、生长发育缓慢、死亡率增高、适应性差和生产性能下降等现象，应给予高度的重视。

②远交 远交是与近交相对而言的选配方法，它是指有目的地采用无血缘关系公、母牛间的选配。远交牛群中一般生产性状的改进和提高速度较慢，很少出现极优秀个体，一些优良性状也难以固定。

19. 加强肉牛育种工作应采取哪些措施?

中国是养牛大国,尽管有一些黄牛良种,但是在肉牛生产蓬勃发展的今天,其作为父本的肉用种质效果和产肉效率,明显低于国外肉牛品种。比较效益不高,致使各良种黄牛场也面临困难处境。面对国外肉牛良种的严峻挑战,只能依靠我国优良黄牛品种培育自己的专门化肉牛品种。

(1)借鉴国外既成肉牛品种的培育经验,因地制宜制定我们的肉牛育种目标 一定的育种目标,即将来成功的肉牛品种所应具备的主要特征性状决定了育种过程中所要采取的系统方法与相应措施。而适宜的目标选定,又要根据当地自然地理、牛种特点、社会经济等条件作为基础。

专门化肉用品种牛的育种目标,可对包括外貌、毛色、体格、体型、性情、繁殖等性状提出要求。然而,更为关键的特征性要求是,公牛平均 BPI 值必须达到 5.6 以上,母牛达到 4.0 以上。现有国外主要的专门化肉牛品种 27 个,其平均 BPI 值公牛为 6.66、母牛为 4.58。其中,几个肉用性能领先的专用品种(公牛平均)BPI 值,安格斯牛 6.90、海福特牛 7.25、利木赞牛 7.54、夏洛来牛 8.03、契安尼娜牛更高达 9.65,都明显高于肉牛品种的平均 BPI 值,而肉用性能独特的皮埃蒙特牛的 BPI 值则在利木赞牛和夏洛来牛之间。

(2)以我国黄牛品种为肉牛育种基础群,加强本品种的选育工作 目前,中国黄牛总数近 1 亿头,其中五大地方良种黄牛(晋南牛、秦川牛、鲁西牛、南阳牛、延边牛)约 500 万头,黄牛总数是新中国成立初期的 2.5 倍以上,牛群质量有所提高。进行肉牛育种,只能以中国黄牛作为基础群体,而五大地方良种黄牛就是比较好的基础群。

对传统上作为五大地方良种黄牛,按肉用指数标准衡量,仅晋南牛、秦川牛、鲁西牛的母牛达到"肉役兼用型"指标下限，但公牛的 BPI 仍处于"役肉兼用型"水平。说明一方面黄牛选育确有很大成绩，肉用性能有了提高；另一方面，公牛培育和选择很不适应，要特别加强。除五大黄牛之外，复州牛、郏县红牛等的 BPI 值较高，说明有值得注意的肉用性能。

总而言之，联系其他情况，应该说中国黄牛品种多样、资源丰富、分布广泛、适应性强。经多年选育，取得了很大成绩，是培育中国专门化肉用牛种的良好基础。

（3）以本品种选育为主，适量导入外血，培育专门化肉牛品种　"本品种选育为主，适量导入外血"是培育我国特色肉牛新品种的较为快速而稳妥的途径。黄牛本品种选育我国搞了几十年，"导入外血"是引入外来品种遗传物质且其比例不超过 1/4，以改善或提高原品种的个别不足之处。但是在我国黄牛选育中，导入外血往往形成了级进杂交，失去导入意义。

选育中，要强调肉用方向。因此，原有品种标准中的不适部分需作改进，更要瞄准国际先进水平，如 BPI 值指标。否则，在养牛商品经济深化发展的现时代，早晚会被市场淘汰。

总之，坚定肉用方向，瞄准国际先进，应该是构成中国肉牛品种培育新阶段的基本技术路线。

20. 肉牛的杂交育种方法有哪些？

肉牛的杂交育种方法主要有级进杂交、导入杂交、育成杂交三种方法。

（1）级进杂交　级进杂交又叫改造杂交或吸收杂交。这是以性能优越的品种改造或提高性能较差的品种时常用的杂交方法。

具体做法是以优良品种（改良者）的公牛与低产品种（被改良者）的母牛交配，所产杂种一代母牛再与该优良品种公牛交配，产下的杂种二代母牛继续与该优良品种公牛交配。按此法可以得到杂种三代及四代以上的后代。当某代杂交牛表现最为理想时，便从该代起终止杂交，以后即可在杂交公、母牛间进行横交固定，直至育成新品种。

应用级进杂交应注意以下事项：

①改良品种要求生产性能高、适应性强、育成历史较久、遗传性稳定，也要照顾到毛色等质量性状，以减少以后选种的麻烦。

②级进杂交的代数不宜过高，一般杂交到 3～4 代，即含外血 75%～87.5% 为宜。

③级进杂交效果的好坏在很大程度上取决于日粮的营养水平和饲养管理条件，如果营养水平太低、饲养管理条件又不好，往往杂交到第三代时就难以表现出明显的杂种优势。

（2）导入杂交　又称引入杂交或改良性杂交。当某一个品种具有多方面的优良性状，但还存在个别的较为显著的缺陷或在主要经济性状方面需要在短期内得到提高，而这种缺陷又不易通过本品种选育加以纠正时，可利用另一品种的优点采用导入杂交的方式纠正其缺点，而使牛群趋于理想。导入杂交的特点是在保持原有品种牛主要特征特性的基础上通过杂交克服其不足之处，进一步提高原有品种的质量而不是彻底改造。

应用导入杂交应注意事项：

①严格挑选种公牛品种和个体，要求导入品种的基本特征与原有品种基本一致，但不存在后者所有的那种缺陷。同时，要选择针对该品种原有缺点的有突出优良特性的个体。

②必须加强本品种的选育工作，以此为基础，保证在杂交一代回交时，有足够数量的本品种优良公母牛。一般只用 10%～15% 的母牛来与导入品种进行杂交。

③导入外血的量，一般在 1/8～1/4 范围内，导入外血过高，不利于保持原品种特性。

④杂种的选择和培育很重要，若不经常在改进某个缺陷方面

进行严格选种，不给予弥补某方面缺陷的饲养条件，那就会随着回交代数的增加而使导入品种的优点丧失殆尽，几代以后又会恢复到原有品种的表现方面。

（3）育成杂交　通过杂交来培育新品种的方法称为育成杂交，又叫创造性杂交。

它是通过两个或两个以上的品种进行杂交，使后代同时结合几个品种的优良特性，以扩大变异的范围，显示出多品种的杂交优势，并且还能创造出来亲本所不具备的新的有益性状，提高后代的生活力，增加体尺、体重，改进外形缺点，提高生产性能，有时还可以改善引入品种不能适应当地特殊的自然条件的生理特点。

21. 肉牛杂交繁育应注意哪几个问题？

根据我国多年来黄牛改良的实际情况及存在问题，为进一步达到预期的改良效果，杂交繁育应注意以下问题：

（1）为小型母牛选择种公牛进行配对时，种公牛的体重不宜太大，防止发生难产现象。一般要求两品种的成年牛的平均体重差异，种公牛不超过母牛体重的30％～40％为宜。

（2）大型品种公牛与中、小型品种母牛杂交时，母牛不选初配者，而需选经产牛，降低难产率。

（3）要防止1头改良品种公牛的冷冻精液在一个地方使用过久（3～4年以上），防止近交。

（4）在地方良种黄牛的保种区内，严禁引入外来品种进行杂交。

（5）对杂种牛的优劣评价要有科学态度，特别应注意杂种小牛的营养水平对其的影响。良种牛需要较高的日粮营养水平以及科学的饲养管理方法，才能取得良好的改良效果。

（6）对于总存栏数很少的本地黄牛品种（如舟山牛等），若引入外血，或与外来品种杂交，应慎重从事，最多不要用超过成年母牛总数的 1％～3％ 的牛只杂交，而且必须严格管理，防止乱交。

22. 公牛生殖器官的组成部分及其功能各有哪些?

公牛的生殖器官包括睾丸、附睾、输精管、副性腺、尿生殖道和阴茎。其主要功能是产生精子并使其成熟，分泌雄性激素，通过交配（或人工授精）将精子输入到母牛的生殖道内，从而使母牛妊娠产犊。

（1）睾丸 睾丸位于阴囊的总鞘膜腔内，为卵圆形的成对腺体，左右各一，重量 550～650 克。睾丸的主要功能是制造和产生精子；分泌雄激素，刺激公牛的性欲和性兴奋，刺激第二性征发育，刺激阴茎及副性腺的发育，维持精子的发生、成熟和存活。

（2）附睾 附睾附着在睾丸外缘的辅助器官，分附睾头、附睾体、附睾尾 3 部分。附睾头与睾丸相接，是睾丸的输出管。附睾尾与输精管相连，其主要功能：一是精子在通过附睾的过程中达到完全成熟并且具有了受精能力，同时获得相同的负电荷，使精子彼此之间不发生凝集；二是附睾内呈微酸性和高渗态，可抑制精子的活动，同时具有吸收水分和浓缩精液的作用，有利于精子在附睾内贮藏。成年公牛两侧附睾所贮存的约 750 亿个，相当于睾丸 3～4 天所产生的精子。

（3）输精管 输精管是一条细长的可供精子由附睾尾排出的管道，也是附睾管在附睾尾部的延续，与血管、淋巴管、神经、睾内肌等组成精索。输精管末端变粗的一段形成"输精管壶腹部"，其末端变细，与精囊腺的排泄孔共同开口于输精管后的射精孔。输精管的肌层很发达，交配时能强烈地收缩，将精液射出体外。

（4）副性腺　副性腺包括精囊腺、前列腺和尿道球腺。副性腺分泌物进入尿生殖道与来自附睾及输精管壶腹部的分泌物共同组成精清，是精液的主要组成部分。

①精囊腺　是一对致密的分泌腺，是副性腺中最大的腺体。其分泌物呈浅白色，当射入阴道后变为胶状物，有栓塞阴道、防止精液倒流的作用；分泌物中含有果糖和盐类，能刺激精子运动，并供给精子活动所需要的能量。

②前列腺　开口于尿生殖道内。其分泌物为不透明的灰色液体，呈弱碱性，有腥味，能改变精子的休眠状态，使精子活动能力增强，吸收精子运动时排出的二氧化碳，有利于精子的运动。

③尿道球腺　成对排列开口于尿生殖道。它的分泌物可冲洗尿生殖道，使精子在通过尿生殖道时不受尿液及其他物的危害。另外，还可稀释精液，活化精子；栓塞阴道、防止倒流及缓冲不良环境对精子的危害等。

（5）尿生殖道　公牛的尿生殖道是尿、精液共同排出的管道，分为骨盆部和阴茎部两部分。射精时，精子经射精孔进入尿生殖道骨盆部，与副性腺的分泌物混合后进入尿生殖道阴茎部，而后射出体外。精阜是由海绵体组成的，射精时它可关闭膀胱颈，防止精液流入膀胱内。

（6）阴茎　阴茎是公牛的交配器官，也是排尿的通道。牛的阴茎较细，自坐骨弓沿中线向前延伸，达到脐部。在阴囊之后上方形成S状弯曲，交配时则伸直。阴茎由两部分构成，前端叫做阴茎头，也称龟头；后端叫阴茎根，其基础为海绵体。阴茎的勃起就是海绵体内的海绵腔充血所致。

23. 母牛生殖器官的组成部分及其功能各有哪些？

母牛的生殖器官由内生殖器官和外生殖器官两部分组成。内生殖器官包括卵巢、输卵管、子宫和阴道；外生殖器官也称外阴部，包括尿生殖前庭、阴唇和阴蒂。

（1）卵巢　牛的卵巢呈椭圆形、似青枣大，重量比马的卵巢轻12~16克。中等大的母牛，卵巢平均长2~3厘米、宽1.5~2厘米、厚1~1.5厘米。排卵后形成红体（血凝块），黄体通常凸出于卵巢表面，大部分深嵌于卵巢的髓质部。卵巢位于两侧子宫角尖端的外侧下方，耻骨前缘附近。

（2）输卵管　输卵管为弯曲的管道，从卵巢附近开始延伸到子宫角尖端。输卵管的腹腔端扩大呈漏斗状，称为漏斗，其边缘不整齐，形成许多皱襞，称为输卵管伞。紧接漏斗的膨大部称为输卵管壶腹部，约占输卵管总长的一半或三分之一，是精子和卵子结合受精的部位。输卵管后段变细，称为输卵管峡部。两者的连接部称为壶峡连接部。输卵管的子宫端与子宫角尖端相连接处，称为宫管连接部。牛的输卵管弯曲较少，伞部不发达，输卵管和子宫角之间的界线不明显。

（3）子宫　子宫大部分位于腹腔，少部分位于骨盆腔，前接输卵管，后接阴道，借助子宫阔韧带悬于腰下，由子宫角、子宫体、子宫颈三部分组成。

牛的子宫角形状似弯曲的绵羊角，先向前下方弯曲再向后上方弯曲，大弯朝上，小弯向下，扣覆在耻骨前缘或腹腔内，子宫阔韧带连接在子宫的小弯处。两个子宫角在靠近子宫体的一段表面彼此粘连，在内部有纵隔将其分开，称为伪体，在粘连部分的上缘有一明显的纵沟，称为角间沟，这类子宫为对分子宫。每个子宫角都是从基部开始向前逐渐变细，子宫黏膜上有突起的子宫阜，妊娠后形成母体胎盘。牛和羊的子宫阜不同之处，在于羊的子宫阜的中央呈凹陷状态。

牛的子宫体比较短，子宫颈肌肉层发达，质地坚硬，在进行牛的直肠检查时很容易摸到。牛的子宫颈管道细，而且有大而厚的纵形皱襞和横行皱襞，使子宫颈管关闭很紧。子宫颈外口突出于阴道中，经产牛子宫颈外口肥大，呈菜花状。

（4）阴道　阴道是阴道穹窿至尿道外口的管道部分，壁薄，具有弹性，为母牛的交配器官。位于骨盆腔内，上为直肠，下为膀胱和尿道，前接子宫，后接尿生殖前庭。

牛的阴道长 25～30 厘米，黏膜层为复层扁平上皮细胞，发情时发生角质化，无腺体。阴道前部子宫颈口周围形成一个环形隐窝称为阴道穹窿。交配时，精液射到阴道穹窿附近。

（5）外生殖器官（也称外阴部）　外生殖器官包括尿生殖前庭、阴唇和阴蒂。

①尿生殖前庭　是母牛生殖系统和泌尿系统共用管道部分，即尿道外口至阴门裂，是由前向后下方倾斜的。牛的前庭较长，尿道腹侧有一黏膜形成的盲囊。前庭大腺为两个分叶的腺体，开口于侧壁一小盲囊。

②阴唇、阴蒂　阴唇分左右两片而构成阴门，两片阴唇的上端及下端联合起来形成阴门上角和下角。牛的阴门下角较尖，呈锐角，且垂至坐骨弓的下面。在阴门下角内包含有一球形凸起即为阴蒂，由勃起组织（海绵体）构成，与公牛的龟头同源，有丰富的感觉神经分布。

（6）子宫动脉（子宫中动脉）　牛的子宫动脉位于岬部之前、最后腰椎处，与脐动脉共同起于髂内动脉，沿子宫阔韧带走向子宫角小弯进入子宫。

24. 母牛的初配适宜年龄和繁殖年限是怎样确定的？

（1）母牛的初配适宜年龄　牛出生后各个器官生长速度基本一致，但到 6 月龄前后生殖器官生长速度加快，逐渐进入性成熟期。这时，母犊卵巢内的卵子可以成熟，可以分泌性激素，有了性欲和发情表现，可以排卵，进入初情期。这时的母牛能够交配、受精，也可能完成妊娠和胚胎发育过程。但是，初情期母牛只是性成熟的开始阶段，生殖机能还未真正成熟。母牛达到性成熟时，虽然生殖器官已发育完全，具备了正常的繁殖能力，但此时身体的生长发育尚未完成，依然不宜配种。

母牛配种过早，将影响到本身的健康和生长发育，所生犊牛体质弱、出生体重小、不易饲养，母牛产后产奶也会受到影响，从而影响母牛繁殖性能的充分发挥。配种过迟，则易使母牛过肥，不易受胎，使母牛有效繁殖年限缩短，降低母牛繁殖效率。因此，正确掌握母牛的初配年龄，对改善牛群质量、充分发挥其生产性能和提高繁殖率有重要意义。

母牛的初配年龄应根据牛的品种及其具体生长发育情况而定。一般比性成熟晚些，初配时的体重应为其成年体重的 70% 左右。年龄已达到但体重还未达到时，初配年龄应推迟；相反，则可适当提前。

一般肉牛的初配年龄为：早熟品种，公牛 15～18 月龄，母牛 16～18 月龄；晚熟品种，公牛 18～20 月龄，母牛 18～22 月龄。生产中确定第一次配种（初配）时期，以体格发育为依据，年龄只作参考。一般当地黄牛体重在 180～210 千克，改良牛在 250～280 千克时可以初配。

（2）使用年限　的繁殖能力都有一定的年限，年限长短因品种、饲养管理以及牛的健康状况不同而有差异。母牛的配种使用年限为 9～11 年，公牛为 5～6 年。超过繁殖年限，公、母牛的繁殖能力会降低，便无饲养价值，应及时淘汰。

25.　母牛的发情周期有何特点？

（1）初情期与性成熟　一般在 6～12 月龄初次发情，称为初情期。发情表现持续期短，发情周期不正常，生殖器官和生殖功能仍在生长发育阶段。

母牛到 8～14 月龄生长发育到有正常生殖能力的时期，叫做性成熟期。这一时期，母牛生殖器官基本发育完全，母牛已具备受孕能力，但身体正处于生长发育旺盛阶段，如果此时配种受孕，会影响它的生长发育和今后的繁殖能力，缩短使用年限，而且会使后代的生活力和生产性能降低。

（2）发情　性成熟后，开始周期性地发生一系列的性活动现象。如母牛生殖道黏膜充血、水肿、流出黏液，俗称"吊线"。精神兴奋，出现性欲，主动接近公牛，接受公牛或其他母牛爬跨，卵巢上有卵泡发育和排卵等。通常将育龄空怀母牛的这种生殖现象叫做发情。

（3）发情周期　发情的出现是遵守一定时间规律的，两次相邻发情的间隔时间为一个发情周期。生产中一般把观察到发情的当天作为零天，母牛的发情周期平均为 21 天（18～24 天）。一般将发情周期分为发情前期、发情期、发情后期和休情期。

①发情前期　卵巢上一个发情周期形成的功能黄体已经退化，卵巢上新的卵泡发育，雌激素分泌水平逐渐上升，性欲表现不明显，阴道分泌物量少，生殖器官开始充血，外阴部出现轻微红肿现象。

②发情期　牛从发情开始到发情结束的时期，又称为发情持续期。发情持续期因年龄、营养状况、季节变化等不同而有长短，一般为 25～60 小时。根据发情母牛外部征候和性欲表现的不同，又可分为下述 3 个时期。

发情初期：这时卵泡迅速发育，雌激素分泌量明显增多。母牛表现兴奋不安，经常鸣叫，食欲减退，产奶量下降。在运动场上或放牧时，常引起同群母牛尾随，尤其在清晨或傍晚，其他牛嗅闻发情母牛的阴唇。当有其他牛爬跨时，拒不接受，扬头而走。观察时，可见外阴部肿胀，阴道壁黏膜潮红，黏液量分泌不多，稀薄，牵缕性差，子宫颈口开张。

发情盛期：母牛性欲强烈，当其他牛爬跨时，母牛表现接受爬跨而站立不动，两后肢开张，举尾拱背，频频排尿。拴系母牛表现两耳竖立，不时转动倾听，眼光锐敏，人手触摸尾根时无抗拒表现。从阴门流出具有牵缕性的黏液，俗称"吊线"或"挂线"，往往粘于尾根或臀端周围被毛处。因此，尾上或阴门附近常有分泌物的结痂。阴道检查时，可发现黏液量增多，稀薄透明，子宫颈口红润、开张。此时，卵泡突出于卵巢表面，直径约1厘米，触之波动性较为明显。

发情末期：母牛性欲逐渐减退，不接受其他牛爬跨。阴道黏液量减少，黏液呈半透明状，混杂一些乳白色，黏性稍差。直肠检查，卵泡增大到1厘米以上，触之波动感明显。

发情持续时间平均 18 小时（6～36 小时）。肉用品种发情持续时间为 13～30 小时。母牛的排卵时间是在发情结束后 10～12 小时。一般右侧卵巢排卵数比左侧多。夜间，尤其是黎明前排卵数较白天多。

③发情后期　已经排卵，黄体正在形成，发情征候开始消退。发情后期的持续时间为 5～7 天。

④休情期　其特点是黄体逐渐萎缩，卵泡逐渐发育，从上一次发情周期过渡到下一次发情周期，母牛休情期的持续时间为 6～14 天。如果已妊娠，周期黄体转为妊娠黄体，直到妊娠结束前不再出现发情。

26. 牛的异常发情包括哪几种？

肉牛养殖场和养殖户都希望母牛能够正常发情，及时配种、产犊，增加经济效益。如果母牛受某些因素的影响，可能导致异常发情，延误配种时机，出现 2 年产 1 犊，甚至 3 年产 1 犊现象，降低肉牛业的生产力，给养牛业造成一定损失。

牛的异常发情主要有以下几种类型。

（1）乏情

①症状　母牛生长发育到一定时期应出现发情表现时而未出现发情表现，卵巢处于相静止状态，无卵泡的生长发育。

②原因　乏情的原因有生理性因素和病理性因素。生理性因素包括因营养不良而消瘦的母牛；生殖机能紊乱；泌乳期间的母牛；妊娠期间的母牛；年龄衰老的母牛；近亲比较严重的母牛；应激反应期母牛等出现的乏情。病理性乏情主要有子宫内膜炎；持久黄体等引起的乏情。

③防治措施　检查母牛的发情情况，如是生理性因素引起的乏情，要采取相应的措施，加强饲养管理，注意矿物质、维生素及添加剂的应用，增加光照，淘汰过老母牛，减少应激反应；还可应用激素类药物，使其尽早发情，及时配种受胎。如是病理性因素引起乏情，要及时治疗，使生殖器官尽早恢复正常。

（2）安静发情

①症状　母牛外观无发情征状或很不明显，非常微弱，如不仔细观察很难发现，但卵泡能正常发育成熟而排卵。

②原因　生殖激素分泌不平衡所致，雌激素量分泌不足时，发情表现不明显或是促乳素分泌量不足或缺乏，引起黄体早期萎缩，导致孕酮分泌不足，降低下丘脑的中枢对雌激素的敏感性，出现安静发情。

③防治措施　易发生安静发情的母牛，要注意调节日粮，保证供给充足的营养物质，特别是要满足蛋白质、能量及维生素的需要。还要根据上一个产犊时间，推算和掌握可能再出现发情时间，并注意细心观察母牛表现。最可靠的办法是做直肠检查，触摸卵巢，根据卵巢有无卵泡发育判定是否发情，也可以用激素促使其正常发情，并要防止漏配、失配，保证及时配种、受胎。

（3）假发情

①症状　母牛妊娠最初3个月内，常有3%～5%的牛发情，这时卵泡发育可达到排卵时大小，但往往不排卵，即所谓的孕后发情。另外还有一种情形，母牛外观有明显的发情表现，实际上卵巢根本无卵泡发育的一种假发情。

②原因　孕后发情主要是母牛体内分泌的生殖激素失调造成

的。正常情况下，妊娠黄体和胎盘都能分泌孕酮维持妊娠。当胎盘分泌雌激素的机能亢进时，母牛即出现妊娠期发情。

无卵泡发育的假发情原因主要是有些小牛虽然已经性成熟，但卵巢机能尚不健全；母牛患有子宫内膜炎，在子宫内膜分泌物的刺激下也会出现假发情现象。

③防治措施　在饲养管理上，供给营养全面的日粮，促进假发情母牛全面发育进入正常发情期；采取正确有效的治疗措施，尽快消除子宫炎症。

27. 鉴定母牛发情有哪几种常用的方法？

母牛发情鉴定的方法有很多，常用的主要有外部观察法、试情法、阴道检查法、直肠检查法。

（1）外部观察法　外部观察法主要通过对母牛个体的观察，视其外部表现和精神状态的变化来判断是否发情和发情的状况。

发情的母牛往往兴奋不安，来回走动，大声鸣叫，爬跨，相互嗅后躯和外阴部，发情母牛稳定站立并接受其他母牛的爬跨（静立反射），这是确定母牛发情的是最可靠根据。

黏液状况及外阴部的变化也是重要的外部观察指标。发情前期母牛阴唇开始肿胀，阴门湿润，黏液流出量逐渐增加，呈牵缕状悬垂在阴门下方（俗称"吊线"）。发情末期，外阴部肿胀稍减退，流出较粗的乳白混浊柱状黏液。至发情后期，黏液量少而黏稠，由乳白色逐渐变为浅黄红色。若观察到母牛排出较多的血液（俗称"排红"），一般是发情后两天左右。

（2）试情法　利用体质健壮、性欲旺盛而无恶癖的试情公牛（已做过输精管结扎或阴茎扭转术），令其接近母牛，根据母牛对公牛的亲疏表现，判断其发情程度。

（3）阴道检查法　用消毒过的阴道开张器或扩张筒，插入母牛阴道内，打开照明装置，观察母牛阴道黏膜颜色、充血程度、子宫颈口的开张、松弛状态，阴道内部黏液的颜色、黏稠度、量的多少，判断母牛的发情程度。在操作过程中，动作要轻，以免损伤阴道或阴唇。

此法不能确切地判断母牛的排卵时间，故而在生产中不常用，仅在必要时作为发情鉴定的辅助手段。

（4）直肠检查法　检查人员应将指甲剪短并磨光滑，戴上长臂形的塑料手套，用水或润滑剂涂抹手套。同时，将被检母牛引入配种架内保定，最好在母牛的肛门也涂抹一些润滑剂。

具体检查操作过程如下：

①插入　检查人员手指并拢呈锥状插入母牛肛门，在直肠处于松弛状态时伸直进入直肠内，切忌在母牛强力努责或肠壁扩张时检查。

②触摸　在骨盆的底上方可摸到坚硬索状的子宫颈及较软的子宫体、子宫角及角间沟，沿子宫大弯至子宫角顶端外侧，即可摸到卵巢，用手指肚轻轻触摸卵的形状、大小、质地及卵泡的大小、形状、弹性、卵泡壁的厚薄及液体感等发育状况。

触摸的主要内容，一是子宫，二是卵巢。

母牛发情时，子宫颈变软，子宫角增大，收缩性强。

母牛卵巢的检查主要是看卵巢上黄体与卵泡的有无以及发育程度。

黄体与卵泡的区别在于，黄体形状呈扁圆形或不规则三角形，卵泡呈圆形；黄体具肉团感，卵泡具波动感，随着发育黄体越来越硬，而卵泡则越来越柔软；黄体表面粗糙，卵泡表面光滑。

母牛卵巢上若有卵泡存在，还要判断卵泡发育程度。母牛卵泡发育过程可分为四个时期：第一期（卵泡出现期），卵泡直径0.5～0.75厘米，直肠检查仅为一软化点，此期10小时左右；第二期（卵泡发育期），卵泡直径1～1.5厘米，波动感明显，此期10～12小时；第三期（卵泡成熟期），卵泡不再增大，波动感更明显，有一触即破之感，此期 6～8 小时；第四期（排卵期），排卵后，卵泡壁松软下陷，6～8 小时发育为黄体，原来的卵泡被填平，可触摸到柔软的黄体。牛的卵巢上黄体在发情周期的第 10 天体积最大，直径 20～25 毫米，第 14～15 天开始退化。

③检查完毕，应对母牛外阴进行清洗、消毒，同时做好检查情况的记录。

28. 如何对公牛进行采精？

采精是人工授精的重要环节，认真做好采精前的准备，正确掌握公牛采精技术，合理安排采精时间，是保证采到量多质优公牛精液的重要条件。目前，种公牛的采精主要采用假阴道采精法。

（1）采精前的准备

①器材和设备的准备　假阴道及集精杯等器材在采精前必须充分洗涤与消毒。

②假阴道准备　假阴道主要是模仿公、母牛自然交配时，母牛阴道内的环境条件而设计的一种人工阴道。由于其温度、润滑度、压力等物理刺激与母牛阴道内相似，可促使公牛性中枢高度兴奋而出现性激动、射精过程。

假阴道由外壳、内胎、集精杯及其他附件（如进气阀门、注水口、固定胶圈等）构成。牛的假阴道还有集精胶漏斗等。

假阴道安装时，内胎温度要求在 38～40℃，一般通过注入内胎与外壳之间空隙容量 2/3 的温开水（水温要求在 45～50℃）可达到要求；假阴道内压力，由注水和充入空气共同完成，要求内胎入口端呈 Y 形或 X 形即可；用消毒润滑剂在假阴道入口端抹涂，以调节假阴道润滑程度，注意量要适中，过多会混入精液中而污染精液，过少则会导致润滑度不够，而使公牛有摩擦痛感影响采精。

③采精场所的准备　采精场地不要随意变换，以便种公牛建立起条件反射。采精场应安静、整洁、防尘、防滑和地面平坦，并设有采精垫和安全栏。

④台牛的准备　台牛的选择要尽量满足公牛的要求，可利用活台牛或假台牛。采精时用发情良好的母牛作台牛效果最好，经过训练过的公牛、母牛也可作台牛。

对于活台牛的要求，应性情温驯、体壮、大小适中、健康无病。采精前，将台牛保定在采精架内，对其后躯特别是尾根、外阴、肛门等部位进行清洗、擦干，保持清洁。应用假台牛采精，简单、方便且安全可靠。假台牛可用金属等材料制成，要求大小适宜、坚固稳定、表面柔软干净，容易清洁，模仿母牛的轮廓，外面披一层似牛皮的人造革，便于清洁消毒。

⑤公牛的准备　公牛的准备主要是指初次采精公牛的调教和公牛采精前的准备。

公牛的性成熟期在 8～14 月龄，人工采精的公牛，12～14 月龄可开始进行采精训练。公牛开始采精训练时，为了促使其性欲，可用健康的非种用母牛作台牛，诱使公牛接近台牛，并刺激其爬跨。待公牛适应了采精后，也可将母牛换成假台牛。但要注意，往往用假台牛不易激发公牛的性欲，故不宜进行更换。在采精训练时，必须坚持耐心细致的原则，充分掌握公牛个体习性，做到诱导采精，不能强行从事，或粗暴对待采精不顺利的公牛，以防使公牛产生对抗情绪。采精人员应保持固定，避免由于更换人员造成的公牛惊慌和不适。同时，采精的场所应保持安静、卫生、温度适宜。特别在夏季，要避免高温影响公牛的生精机能、精液性状以及公牛的性欲，最好在公牛舍内安装淋浴设备或采取其他必要的降温方法。平时要经常护理采精牛的蹄趾和修剪阴毛。公牛采精前还应清洗牛体，特别是牛腹部和包皮部，以避免脏物污染精液。活台牛或假台牛经一头公牛爬跨后，凡公牛接触部位均应清洁消毒，然后方可继续用来采精。公牛在采精前 1～

2 小时，不应大量采食饲料。在夏季，不要在公牛采精前后立即饮用凉水。采精前还应避免牛的激烈运动。

（2）采精操作　将公牛牵至采精架，让其进行 1～2 次空爬跨，以提高其性欲。

采精员立于台牛右侧，公牛爬跨时，右手持假阴道，左手轻托包皮，将公牛的阴茎导入假阴道内。公牛的后驱向前冲即射精，随后将假阴道集精杯向下倾斜，以便精液完全流大集精杯内。当公牛爬下时，采精人员应持假阴道随阴茎后移，待公牛阴茎从假阴道内自然脱落后，将假阴道竖起，打开假阴道外壳进气阀门，放气减压，放掉内部的温水，立即送入精液处理室，取下集精杯，盖上集精杯盖。

采精时需要特别注意的是，假阴道内壁不要沾上水。在冬季，应避免精液温度的急剧下降，宜将采精杯置于保温瓶或利用保温杯直接采精，以防精子受到温度剧变的影响造成冷休克。成年公牛采精，一般每周不得超过 2 次，每次不得超过 2 回。

29.　如何鉴定公牛精液的品质？

公牛精液的品质检查项目主要包括：射精量，色泽，气味，云雾状，pH，活率，密度。

（1）射精量　将采集的精液倒入有刻度的试管或集精杯中，测量其容量。公牛一次射精量平均为 6 毫升，正常范围为 4～8 毫升。

公牛精液量过高或过低都须查找原因。收集精液量过高，则可能是副性腺分泌过多或其他异物（如尿液、假阴道漏水等）的混入造成。量过低，则可能由于采精方法不当或公牛生殖机能衰退等造成。射精量因品种及个体而异，同一个体又可因年龄、性准备、采精方法及频率、营养状况不同而有所不同。

（2）色泽、气味　公牛的精液通常为乳白色，因个体不同而有浓淡的差异。公牛的精液浓密，为浓乳白色。无味或略带腥味。

如果精液色泽不正常，应及时查出原因。若呈浅绿色或黄色，则可能混有脓液或尿液；若呈淡红色，则可能含有血液。这样的精液应弃之不用，同时公牛应停止采精，查找原因，及时治疗。

（3）云雾状　公牛精液云雾状的观察，可取原精液一滴于载玻片上，不加盖玻片，用低倍显微镜观察精液滴的边缘部分，可见牛精液翻腾滚动的云雾状态。精液云雾状明显与否，与精子密度、精子活率密切相关。精液云雾状显著者，用"＋＋＋"表示；有云雾状，用"＋＋"表示；云雾状不显著者，用"＋"表示。

（4）pH　公牛精液 pH 一般为 6.5～6.9，呈弱酸性。精液 pH 的影响因素主要是附睾及副腺分泌物的作用；其次是精子密度和代谢程度，在精子密度大和果糖含量高的精液中，因糖酵解会使 pH 下降；再者是精液受到微生物污染或精子死亡，这样会造成氨的增加而使 pH 上升，还有连续采精也会出现类似情况。

（5）精子密度　公牛的精液精子密度一般为 10 亿～15 亿/毫升。测定密度的主要方法是目测法、血细胞计计数法和光电比色计测定法。

①目测法　这种方法操作同活率检查目测法。在生产中，常采用与活率检查同时进行，粗略将精液分为"稠密"、"中等"、"稀"三个等级。12 亿以上为"稠密"，8 亿以上为"中等"，8 亿以下为"稀"。

②血细胞计数法　1 毫升原精液精子数＝5 个大方格精子数×5×10×1000×稀释倍数。

③光电比色计测定法　光电比色计测定法原理为精子密度越高，其精液越浓，透光性越低，从而使用光电比色计，通过反射光或透射光能准确测定精液中精子密度。

（6）精子的活率 精子活率是指精液中直线前进运动的精子占全部精子的百分比。它是衡量精子活动能力与受精能力的一个指标。一般要求新鲜精液精子活率不得低于 0.75，液态保存的精液精子活率不得低于 0.60，冷冻精液精子活率不得低于 0.3。

精子活率检查注意事项：

①注意温度的恒定 载玻片、盖玻片、凹玻片等要放在保温箱中预热；观察标本时，应在具有恒温装置的显微镜下进行；低温保存的精液应预先升温，再行检查。

②制作标本时，牛原精液可用生理盐水或 5% 葡萄糖液或其他等渗溶液稀释后，再制片观察。已稀释保存的牛精液可直接制片观察。

③活率检查动作要迅速。

④取样要有代表性，标本观察视野要均匀，保证结果的准确性。

30. **精液的稀释与保存应如何操作？**

牛的精液保存主要为冷冻保存。下面着重介绍精液的冷冻保存操作技术。

（1）冷冻精液的稀释 冷冻精液稀释液一般分 A 和 B 两种，A 液有卵黄－柠檬酸钠稀释液、卵黄－乳糖稀释液等，B 液通常是在 A 液中加入一定量甘油，其含量在 5%～14%。A 液的配制方法与新鲜精液保存稀释液的方法相同。B 液配制时，如甘油加量为 14%，则取通过离心除去不溶性物质的 A 液 86% 于量筒内，然后加入甘油至 100 毫升，并充分混合即成。

一般将精液分两次稀释后，再进行冷冻。

①第一次稀释 在采集的精液中加入等温的冷冻用 A 液至最后稀释倍数的一半，至 5℃冰箱冷却 1～1.5 小时。方法是在烧杯中加入与稀释液等温的水，把稀释精液的容器浸在烧杯中，

置于冰箱中。B 液也要同时放在冰箱中一起冷却。

②第二次稀释　当冰箱中的稀释精液温度 5～7℃时，即可开始加入 B 液。B 液加入时，要分成 3～4 份，每次间隔 5 分钟左右加入，避免高渗甘油对精子的伤害。

（2）精液的冷冻与保存　冷冻精液的冷冻源现在多用液氮。冷冻有两种方式，如是制备细管冷冻精液，一般要用专用冷冻精液的细管分装机，按照分装机操作程序进行分装，然后进行冷冻；如是制备颗粒冷冻精液，则将稀释的精液用滴管滴加到离液氮面 1～2 厘米的滴定板上，冷却 3～5 分钟，即成颗粒状冷冻精液。

细管冷冻精液和颗粒冷冻精液最后都要装入盛有液氮的容器内。储存精液时，先将不同公牛的细管精液或颗粒精液分装在特制的提筒或塑料管内，然后放到液氮罐内的液面以下。每头公牛细管精液放在同一个提筒（塑料管内），并在清单上注明公牛号、数量，便于寻找又不致混淆。

存贮冻精的液氮罐应避免碰撞，放置在清洁、干燥、防晒、通风良好的地方。液氮罐内应保持有足够的液氮量，为罐容积的 1/3 以上。并经常检查罐内液氮量，发现液氮损耗过量（不应低于罐的 1/3）应及时补充。为保持液氮罐的清洁，减少污染，在清洗液氮罐时，应把预备好的清洁液氮罐并列放置，快速转移冻精过程中，裸露罐外的时间不能超过 3～5 秒。

制作颗粒冷冻精液具有操作简便、容积小、成本低、便于储存的优点。但也有易受污染、不便标记的缺点。制作细管冷冻精液虽然成本较高，但细管冻精具有污染少、便于标记、使用简单、受胎率高的优点，目前正取代颗粒冻精及低温精液，成为牛人工授精用精液的主要剂型。

（3）精液的质量标准　采购的精液应为经国家有关部门核发经营许可证的种公牛站所生产的符合国家牛冷冻精液质量标准的精液。种公牛系谱至少 3 代清楚，并经后裔测定或其他方法证明为良种者。

肉牛新鲜精液呈乳白色，每次射精量为 4～8 毫升，精子活力大于 0.6，精子密度大于 8 亿/毫升，精子畸形率小于 14%，精子顶体异常率小于 10%。细管冷冻精液剂量为 0.25 毫升，颗粒冷冻精液剂量为 0.1～0.2 毫升，精子的活力大于 0.3，每个输精剂量有效精子数为 1 500 万个以上，精子畸形率小于 20%，顶体异常率小于 40%，非病原细菌数每剂量小于 1 000 个。

31. 母牛输精操作要领包括哪些？

母牛进行输精时，先要进行母牛的发情鉴定，确定适宜输精时间，同时对冷冻精液进行解冻，然后即行输精。

（1）输精时间

①产后输精　通常在母牛产后 60 天左右开始观察发情表现，经鉴定发情正常可以配种。但也有产后 35～40 天第一次发情正常的也可以配种，这样可缩短产犊间隔时间。

②发情期适时输精　由于母牛正常排卵是在发情结束后12～15 小时，所以，输精时间安排在发情中期至末期阶段比较适宜。一般第一次输精时间安排为：上午 8 时以前发情的母牛在当日下午输精；8～14 时发情的母牛在当日晚上输精；14 时以后发情的母牛在翌日早晨输精。间隔 8～12 小时进行第二次输精。

（2）精液解冻　从液氮罐取出冷冻精液时，提筒不得提出液氮罐口外，可将提筒置于罐颈下部，用长柄镊子夹取，确认所找的冻精后随即按需要量取出，并把提筒（塑料管）迅速放回原处。寻找冻精动作要快，超过 10 秒，应将提筒放回原处，然后再一次寻找。

①颗粒精液解冻　将 1 毫升解冻液装入灭菌的试管内，置于38℃水浴中预热，然后投入 1 颗冷冻精液，摇动至融化，取出使用。取少许精液检查，然后装入带吸球的玻璃输精器；若使用金

属输精器，解冻的精液则吸入注射器，并在1小时内给母牛输精完毕。解冻液选用2.9％柠檬酸钠溶液或0.5毫克维生素B_{12}注射液，每支剂量为1毫升。若需外运，将解冻后的精液包装好放入0～5℃的冰瓶内储存，存放时间不超过6小时。输精前，应对精液质量再检查一次，确认符合质量标准的精液方可输精，不符合的弃用。

②细管精液的解冻 取出需要的细管冻精后，迅速置于38℃水浴中10秒进行解冻，取出细管、擦干，剪开封口端，取少许精液检查，然后装入细管专用的输精器予以保温，并在1小时内给母牛输精完毕。

解冻后精液的受胎率，将随保存时间的延长而下降。输精时除了要及时，还应注意所用冻精的公牛血统，避免近亲交配。

（3）输精方法 养牛生产上普遍采用直肠把握子宫颈输精法。直肠把握子宫颈输精法又称直肠把握法。直肠把握法可用普通输精器，也可用外径5～6毫米、内径1～2毫米、长35～40厘米、两端光滑的玻璃管，用胶管连接1～2毫升的注射器或橡皮头，作为输精器。用塑料管代替玻璃管，使用更为方便，成本也低。

直肠把握法的具体操作：

①先把母牛保定在配种架内，已习惯直肠检查的母牛也可在牛床上进行，尾巴用细绳拴好拉向一侧。然后清洗、消毒母牛外阴部。

②操作者左手将阴门打开，右手持输精管从阴门中部向上斜插10厘米左右，然后把输精管端平，稍向前下方插入。按直肠检查法将左手伸入母牛直肠内，排除宿粪，摸子宫颈，并将子宫颈口握在手中向前平推（假如握得太靠前会使颈口游离下垂，造成输精器不易对上颈口），此时两手互相配合，使输精器插入子宫颈，并达到子宫颈深部，然后将精液徐徐注入。输精管进入阴道后，当往前送受到阻滞时，在直肠内的手应把子宫颈稍往前

推，使阴道拉直，切不可强行插入，以免造成阴道损伤。母牛摆动较剧烈时，应把持输精管手放松，手应随牛的摆动而摆动，以免输精管断裂和损伤生殖道。

③待输精器缓慢拉出后，再将直肠内的手退出。输精结束后，轻轻按摩阴蒂数秒钟，防止精液倒流。

32. 如何进行母牛妊娠诊断？

妊娠诊断是根据母牛配种后发生的一系列生理变化，采取相应的检查方法，判断母牛是否妊娠的一项技术。及早地判断母牛的妊娠，可以防止母牛空怀，提高繁殖率。经过妊娠诊断，对未妊娠母牛找出未孕原因，采取相应技术措施，并密切注意下次发情，搞好配种；对已受胎的母牛，须加强饲养管理，做好保胎工作。

母牛妊娠诊断常用方法为外部观察法和直肠检查法。

(1) 外部观察法　目前，许多国家统计母牛妊娠与否，就是统计配种后 30 天、60 天和 90 天的不返情率，作为母牛的受胎率。

母牛配种一个情期后，应注意观察母牛是否再次发情。如果连续 1~2 个情期不发情，则可能妊娠。

妊娠母牛初期，性情变得温驯，回避公牛，拒绝爬跨；群牧时，行动迟缓，怕拥挤；食欲旺盛，体重增加，被毛光润；母牛外阴部干燥收缩，阴门黏膜苍白无分泌物，皮肤皱褶明显。

妊娠中期 4~5 个月，可观察到母牛右腹部腹围逐渐增大，青年母牛乳房开始发育、体积变大。

妊娠 6~7 个月，牛饮水后可以在右侧腹壁见到胎动；用听诊器可以听到胎儿心音，妊娠母牛心率 75~80 次/分钟，胎儿心率 112~150 次/分钟。这一时期，母牛乳房出现水肿膨胀，尻部下塌，外阴充血，渐出水肿，变得柔软。

母牛妊娠 7 个月左右，用手掌压迫其右腹壁，可感觉到胎儿反射性挣扎。经产母牛在妊娠最后的半个月乳房明显胀大，乳头变粗，个别牛乳房底部出现水肿。

（2）直肠检查　直肠检查判断母牛是否妊娠时，随妊娠时间的不同而检查部位有所侧重。初期要以卵巢、子宫角的形状、质地的变化为主；妊娠中期，由于子宫远离直肠，直检测以卵巢形态、位置、黄体大小为主，同时还可检查子宫动脉的脉搏。

这种方法是通过直肠壁直接触摸卵巢、子宫和胎泡的形状、大小。因此，可随时了解妊娠进程和动态，是一种较为准确有效的方法。

①方法与步骤　先摸到子宫颈，再将中指向前滑动，寻找角间沟，然后将手向前向下再向后，分别将两子宫角掌握在手中进行触摸。摸过子宫角后，在其尖端外侧或下侧寻找卵巢。

寻找子宫中动脉的方法是将手掌贴着骨盆顶向前滑动，在岬部前方可摸到腹主动脉的最后一个分支髂内动脉，在其根部的第一分支即为子宫中动脉。

②直检内容及其结果

妊娠 20 天：整个子宫位于骨盆腔内，子宫角间沟明显。触摸子宫角时，空角收缩明显、有弹性，孕角收缩稍弱、质地柔软。排卵一侧卵巢增大，有明显突出卵巢表面的黄体，表面光滑、质地柔软。

妊娠 30 天：角间沟明显，两侧子宫角不对称，孕侧子宫角增大变粗，收缩反应微弱，质地柔软；空角有明显收缩反应。孕侧卵巢上的黄体更明显，质地变硬，卵巢体积明显增大。

妊娠 60 天：子宫颈的位置前移，角间沟已不明显，子宫角和卵巢略垂于腹腔，孕角比空角增大 1~2 倍，无收缩反应，质地绵柔，卵巢质地硬实。

妊娠 90 天：子宫颈位置移至耻骨前缘，角间沟已分辨不清，孕角更加膨大而柔软，波动感明显。孕侧子宫中动脉明显增粗。

妊娠 120～150 天：孕角继续增大，波动感更加明显，下垂进入腹腔，子宫壁变薄，可触摸到如蚕豆大小的若干子叶及胎儿，孕侧子宫中动脉变粗，如筷子粗细，妊娠脉搏明显。

妊娠 200 天：子宫角和卵巢沉入腹腔，子宫中动脉继续变粗，两侧均出现明显妊娠脉搏。

33. 母牛分娩有哪些预兆？

随着胎儿的发育成熟和分娩期的临近，母牛生殖器官与骨盆部均会发生一系列生理变化，以适应排出胎儿和哺乳犊牛的需要，母牛的行为及全身状况也会发生相应的变化。通常把母牛产前的这些变化称为分娩预兆。根据这些变化，预测母牛的分娩时间，以便做好产前准备，确保母仔安全。

（1）妊娠期和预产期　肉牛和黄牛的妊娠期平均为 280 天。预产期一般将配种月份减 3，日加 6，即为预计的产犊时间。

（2）分娩预兆　随着胎儿的发育成熟，母牛在生理上发生一系列变化，以适应排出胎儿和哺乳的需要。根据这些变化，可以估计母牛分娩时间。

①行为变化　母牛在分娩前有明显的精神状态变化，出现食欲减退，表现不安，频繁举尾，踢下腹部，时起时卧，回顾腹部，排泄次数增多、量少等现象。分娩前几小时，这种变化尤为明显，初产母牛较经产母牛更为突出。

②生殖道变化　母牛在临产前 1 周左右，阴唇逐渐松软、肿胀，阴唇皮肤皱褶展平，充血潮红，从阴门流出稀薄黏液。子宫颈在分娩前 1～2 天开始肿胀、松软，流出稀薄黏液。

③骨盆变化　母牛在妊娠末期，由于骨盆部血管的增生，血流量的增大，引起静脉瘀血，促使毛细血管壁扩张，血液液体部分向外渗出，浸润周围的组织，使骨盆韧带（荐坐韧带、荐髂韧带）软化，骨盆松弛。牛骨盆韧带从分娩前 1 周左右开始软化，

到分娩前 12～36 小时，荐坐韧带后缘变得非常松软，外形几乎消失，尾根两侧下陷。

④乳房变化　母牛乳房在分娩前迅速发育、膨胀、增大，有的还出现乳房浮肿。初产母牛在妊娠 4 个月时乳房就开始发育，后期发育更为迅速。经产母牛乳房在分娩前才迅速膨胀，约 10 天，乳头具蜡状光泽，并能挤出少量初乳及胶样液体；产前 2 天，乳头充满初乳。

⑤体温变化　研究表明，母牛临产前 4 周左右体温逐渐上升，在分娩前 7～8 天达 39～39.5℃，临产前 12 小时，体温下降 0.4～1.2℃，在分娩过程和产后又逐渐恢复到正常体温。

34. 如何对母牛进行助产?

助产的目的在于对母牛和胎儿进行观察，并在必要时给予适当的帮助，帮助新生犊牛的产出，达到母仔安全。但应特别指出，助产工作一定要根据母牛分娩的生理特点进行，不要过早、过多地干预。

（1）助产前的准备

①产房　产房应当清洁、干燥，光线充足，通风良好，无贼风，墙壁及地面应便于消毒。在北方寒冷的冬季，应有相应取暖设施，以防犊牛冻伤。

②用品及药械　在产房里，助产用具及药械（70%酒精、2%～5%碘酒、煤酚皂、催产药物等）应放在一定的地方，以免临时缺此少彼，造成慌乱。此外，产房里最好还备有一套常用的手术助产器械，以备急用。

③助产人员　助产人员应当受过助产训练，熟悉母牛的分娩规律，严格遵守助产的操作规程及值班制度。分娩期尤其要固定专人，并加强夜间值班制度。

（2）助产　为保证胎儿顺利产出及母仔安全，助产工作应在严格消毒的原则下进行。其步骤如下：

①清洗母牛的外阴部及其周围，并用消毒液（如 1％煤酚皂溶液）擦洗。用绷带缠好尾根，拉向一侧系于后肢。在产出期开始时，接产人员穿好工作服及胶围裙、胶鞋，并消毒手臂，准备作必要的检查。

②当胎膜露出至胎水排出前时，可将手臂伸入产道，进行临产检查，以确定胎向、胎位及胎势是否正常，以便对胎儿的反常作出早期矫正，避免难产的发生。

如果胎儿正常，正生时，应三件（唇及二前蹄）俱全，可等候其自然排出。除检查胎儿外，还可检查母牛骨盆有无变形，阴门、阴道及子宫颈的松软扩张程度，以判断有无因产道反常而发生难产的可能。

③当胎儿唇部或头部露出阴门外时，如果上面覆盖有羊膜，可把它撕破，并把胎儿鼻孔内的黏液擦净，以利呼吸。但也不要过早撕破，以免胎水过早流失。

④注意观察努责及产出过程是否正常。如果母牛努责，阵缩无力，或其他原因（产道狭窄、胎儿过大等）造成产仔滞缓，应迅速拉出胎儿，以免胎儿因氧气供应受阻，反射性吸入羊水，引起异物性肺炎或窒息。

在拉胎儿时，可用产科绳缚住胎儿两前肢球节或两后肢系部（倒生）交于助手拉住，同时用手握住胎儿下颌（正生），随着母牛的努责，左右交替用力，顺着骨盆轴的方向慢慢拉出胎儿。在胎儿头部通过阴门时，要注意用手捂住母牛阴唇，以防阴门上角或会阴撑破。在胎儿骨盆部通过阴门后，要放慢拉出速度，防止子宫脱出。

⑤胎儿产出后，应立即将其口鼻内的羊水擦干，并观察呼吸是否正常。犊牛身体上的羊水可让母牛舔干，这样一方面母牛可因吃入羊水（内含催产素）而使子宫收缩加强，利于胎衣排出，另外还可增强母子关系。

⑥胎儿产出后，如脐带还未断，应将脐带内的血液挤入新生犊牛体内，这对增进犊牛的健康有一定好处。断脐时，脐带断端不宜留得太长。断脐后，可将脐带断端在碘酒内浸泡片刻或在其外面涂以碘酒，并将少量碘酒倒入羊膜鞘内。如脐带有持续出血，须加以结扎。

⑦犊牛产出后不久即试图站立，但最初一般是站不起来的，应加以扶助，以防摔伤。

⑧对母牛和新生犊牛注射破伤风抗毒素，以防感染破伤风。

35. 新生犊牛应怎样进行护理？

刚生下来的 7 日龄之内的小牛，即为新生犊牛，此时期称为"新生期"。

犊牛在此时期，生理上发生很大变化。首先，犊牛生存环境发生变化，从母牛子宫内的生活环境，逐渐适应子宫外的发育条件，在无条件反射的基础上，逐渐形成条件反射，并利用条件反射使有机体与外界环境得到统一。另外，由于犊牛生后最初几天，它的组织器官机能尚未充分发育，对外界不良环境的抵抗能力较弱，消化道黏膜容易被细菌穿过，皮肤的保护机能很差，神经系统的反应性也还不足。初生牛犊容易受到各种病菌的侵袭而引起疾病，以至造成死亡，小牛死亡率最高的时期，就是在 7 日龄以内的新生期。因此，要格外注意犊牛新生期的护理。

新生犊牛的护理主要内容如下：

（1）刚生下的小牛，要用净干草或净布把小牛口、鼻端的黏液擦净，清除犊牛口、鼻黏液，以免影响犊牛的呼吸；让母牛舔干犊牛身上的黏液，以利于牛犊呼吸器官机能的提高和肠蠕动，同时胎液中的某些激素还能加速母牛胎衣的排出；除去脚上的脚质块。

（2）犊牛生出后，脐带如未断裂，应在距腹部 4～6 厘米处用消毒的绳子扎紧，再在结子下方 1～1.5 厘米处剪断，然后用碘酒敷于断端，并用布包扎，以防感染。

（3）最好在小牛初生后半小时以内就能吃到母牛的初乳 初乳中含有丰富的养分、抗体和溶菌酶，食后对小牛的健康有利。犊牛出生后 4～6 小时，对初乳中的免疫球蛋白吸收力最强。在出生后 0.5～1 小时饲喂初乳，使其尽早获得母源抗体，以增强犊牛对疾病的抵抗力。体弱的犊牛要人工辅助哺乳，直到自己会吃乳为止。第二天若实行犊牛与母牛分开的管理办法，对犊牛实行人工喂奶（初乳），每天喂乳量为体重 10% 左右，分三等分，日喂三次，并注意奶具卫生和奶温不宜过高、过低（以接近体温为好）。

（4）注意保暖与环境卫生 冬季出生的犊牛，除了采取常规护理措施外，还要搞好防寒保温工作，但不要点柴草生火取暖，以防烟熏犊牛患肺炎疾病。同时，要保持犊牛舍清洁、通风、干燥，牛床、牛栏、应定期用 2% 火碱溶液冲刷，且消毒药液也要定期更换品种。褥草也应勤换。

冬季犊牛舍温度要达到 18～22℃，当温度低于 13℃ 时新生小牛会出现冷应激反应。夏天注意通风良好，保持舍内清洁、空气新鲜。

新生犊牛最好圈养在单独畜栏内。在放入新生犊牛前，犊牛栏必须消毒并空舍 3 周，防止病菌交叉感染。应将下痢小牛与健康犊牛完全隔离。

（5）补硒 犊牛出生当天应补硒，肌内注射 0.1% 亚硒酸钠 8～10 毫升或亚硒酸钠、维生素 E 合剂 5～8 毫升。生后 15 天再加补 1 次，最好臀部肌内注射。出生时补硒既促进犊牛健康生长，又防治发生白肌病。

（6）观察犊牛粪便的形状、颜色和气味 观察犊牛刚刚排出的粪便，可了解其消化道的状态和饲养管理状况。在哺乳期中，犊牛若哺乳量过高则粪便软、呈淡黄色或灰色；黑硬的粪便则可能是由于饮水不足造成的；受凉时粪便多气泡；患胃肠炎时粪便混有黏液。正常犊牛粪便呈黄褐色，开始吃草后变干饼呈盘状。

（7）注意观察犊牛心跳次数和呼吸次数　刚出生的犊牛心跳加快，一般120～190次/分钟，以后逐渐减少。哺乳期犊牛90～110次/分钟。呼吸次数的正常值为犊牛20～50次/分钟，在寒冷的条件下呼吸数稍有增加。

（8）测量犊牛体温　一般犊牛的正常体温在38.5～39.5℃。当有病原菌侵入犊牛机体时，会发生防御反应，同时产生热量，体温升高。当犊牛体温达40℃时，称微热；40～41℃时，称中热；41～42℃时，称高热。发现犊牛异常时，应先测体温并间断性多测几次，记下体温变化情况，这有助于对疾病的诊断。一般情况下，犊牛正常体温是上午偏低，下午偏高。所以，在诊断疾病时要加以鉴别。

（9）不要任犊牛乱舔　犊牛每次吃奶完毕，应将其口鼻擦拭干净，以免引起自行舔鼻，造成舔癖。经常乱舔的犊牛易促进散落的牛毛进入犊牛胃内引起炎症的发生。

36. 产后母牛的饲养管理应注意哪些问题？

产后母牛的饲养管理应注意以下问题。

（1）产后应注意母牛外阴周围的清洗与消毒，防止病原微生物的侵入感染，提高母畜机体抗病能力。

产后母牛产道松弛，甚至出现某些损伤，特别是子宫内恶露的存在，都为病原微生物的侵入和感染创造了条件。因此，应特别注意搞好产后母畜卫生消毒工作。

（2）产后应注意供应品质好，易于消化的饲料　母牛产后因失水较多，应在胎儿产出后喂给足量温热的麸皮、盐、碳酸钙熬成的稀粥（麸皮1～2千克、食盐100～150克、碳酸钙50克），可起到暖腹、充饥、增腹压的作用，这样有利于胎衣的排出，但要注意食盐喂量不可过多，否则会导致乳房浮肿。同时，喂给母牛优质、软嫩的干草 1～2 千克。母牛产后若同时喂饮温热益母草红糖水（益母草 500 克，加水 10 千克，煎成水剂后加红糖 500 克），每日 1～2 次，连服 2～3 日，对母牛恶露的排净和产后子宫复原都有较好的促进作用。分娩后，应及时供给足够的温盐水或温麸皮水，以解母畜产后口渴与体液消耗，防止吞食胎衣，造成消化紊乱。牛一般在 10 天以后再转为常规饲料。

（3）产后 2～3 天，母牛体质恢复较快，可进行适量的自由运动　母牛分娩后，要尽早驱使母牛站起，以减少出血，同时也有利于生殖器官的复位。为了防止子宫脱出，可牵引母牛缓行 15 分钟左右。母牛产后 15～20 天，可进行适量运动，这样有利于产后恢复。

（4）注意观察母牛行为和状态　产后应注意观察母牛恶露排出、体温变化、生殖道是否受损伤、乳房变化以及产后是否出现瘫痪、是否出现胎衣不下等。

母牛分娩后 8 小时内，胎衣一般可自行脱落，若超过 24 小时仍不脱落，可视为胎衣不下。

产后要注意恶露的排出情况。如有恶露闭塞现象，即产后几天内仅见稠密透明分泌物而不见暗红色液态恶露，应及时处理，以防发生败血症或子宫炎等疾病。正常情况下，牛恶露排尽的时间 10～12 天。

产犊后的最初几天，母牛乳房内的血液循环及乳腺泡的活动控制与调节均未达到正常状态，乳房肿胀厉害，内压也很高。对产后乳房水肿严重的母牛，每次挤奶后应充分按摩乳房，并热敷乳房 5～10 分钟（用温热硫酸镁或硫酸钠饱和溶液最好），以促进乳房水肿的早日消失。同时注意母牛乳房及乳头卫生，要事先洗净，去掉粪尿污物、消毒，并在小牛吮乳前，先用手把每个乳头的乳挤出一些弃掉。

（5）产后母牛应给予较好照顾，尽量舍内饲养，日粮应以容易消化、营养价值全面的青粗饲料为主 产后2～3天，喂给母牛优质干草2～3千克，数量由少到多，适当补给小麦麸、玉米，控制催奶。产后4～5天，根据情况逐渐增加精料、多汁料、青贮料和干草的给量，精料每日增加0.5～1千克，直到7～8天达到给料标准，日采食干物质中精饲料比例逐步达到50%～55%，一般日喂混合粗饲料10～15千克。至产后15天，青贮料达20千克以上，干草3～4千克，多汁饲料3～4千克。在增加精料过程中，还要观察母牛的粪便和乳房的情况，如果水肿仍不消退，应适当减少精料和多汁料。母牛产后1周内应供给温水，不宜饮凉水以防患病。严禁饲喂难消化、大容积、促使腹泻和便秘、不新鲜和冰冻发霉的饲草。

五、肉牛的营养与饲料

37. 肉牛的营养需要有哪些特点？

肉牛的营养需要主要是能量与蛋白质。当然，维生素、无机盐等营养成分的需要也非常重要。这里重点介绍肉牛对能量与蛋白质需要特点。

（1）能量需要　碳水化合物是肉牛的主要能量来源。肉牛采食的饲料首先用于满足维持需要，多余的能量用于生长和繁殖。

随着年龄增加，牛对饲料能量的需要量升高。满足肉牛的维持需要时，以粗饲料为主，在育肥后期，要增加精饲料的用量。肉牛在6～12月龄缺乏营养，即给牛一段时间"吊架子"后，后期育肥效率更高。因此，购买架子牛时，并不一定要买膘情特别好的牛。

我国将肉牛的维持和增重所需能量统一起来采用综合净能表示，并以肉牛能量单位（RND）表示能量价值。其计算公式如下：

$$饲料综合净能值（NE_{mf}，兆焦/千克）=DE\times[(K_m\times K_f\times1.5)/(K_f+K_m\times0.5)]$$

一个肉牛能量单位为8.08兆焦。

①生长育肥牛的能量需要

维持需要：我国肉牛饲养标准（2000）推荐的计算公式为：

$$NE_m（千焦）=322\,W^{0.75}$$

此数值适合于中立温度、舍饲、有轻微活动和无应激环境条件下使用，当气温低于12℃时，每降低1℃，维持能量消耗需增加1%。

增重需要：肉牛的能量沉积就是增重净能，其计算公式如下：

增重净能（千焦）$= [\Delta W \times (2092 + 25.1W)]/(1 - 0.3\Delta W)$

生长母牛的维持净能需要与生长育肥牛相同，而增重净能需要在上式计算基础上增加10%。

②妊娠母牛的能量需要　在维持净能需要的基础上，不同妊娠天数每千克胎儿增重的维持净能为：

$$NE_m（兆焦）= 0.19769t - 11.76122$$

式中 t 为妊娠天数。

不同妊娠天数不同体重母牛的胎儿日增重：

$\Delta W（千克）= (0.00879t - 0.85454) \times (0.1439 + 0.0003558W)$

由上述两式可计算出不同体重母牛妊娠后期各月胎儿增重的维持净能，再加母牛维持净能需要（兆焦）（$0.322W^{0.75}$），即为总的维持净能需要。总的维能需要乘以 0.82 即为综合净能需要量。

③哺乳母牛能量需要　泌乳的净能需要按每千克 4% 乳脂率的标准乳含 3.138 兆焦计算；维持需要（兆焦）$= 0.322W^{0.75}$。两者之和经校正后即为综合净能需要。

（2）蛋白质需要。

①生长育肥牛的粗蛋白质需要　生长水牛育肥粗蛋白质需要包括维持需要与增重需要。

维持的粗蛋白质需要（克）$= 5.5W^{0.75}$

增重的粗蛋白需要（克）$= \Delta W(168.07 - 0.16869W$
$$+ 0.0001633W^2)$$
$$\times (1.12 - 0.1233\Delta W)/0.34$$

②妊娠后期母牛的粗蛋白质需要　妊娠后期母牛的粗蛋白质需要包括维持需要和妊娠需要。

维持的粗蛋白质需要（克）$= 4.6W^{0.75}$

妊娠 6~9 个月时，在维持基础上增加粗蛋白质供给量，6

个月时每天增加 77 克，7 个月时 145 克，8 个月时 255 克，9 个月时 403 克。

③哺乳母牛的粗蛋白质需要　哺乳母牛的粗蛋白质需要包括维持需要和哺乳需要。

维持的粗蛋白质需要（克）＝$4.6W^{0.75}$

生产需要按每千克 4% 乳脂率标准乳需粗蛋白质 85 克计算。

一般而言，生长快的犊牛对蛋白质需要量也大。饲料加工、饲喂方法和饲料添加剂对蛋白质的需要量影响不大。对于架子牛和繁殖母牛，用豆科牧草就能满足蛋白质的维持需要，不必补充蛋白质。对育肥牛和妊娠牛，每天需要添加 0.5～1 千克的蛋白质补充料。

38. 如何进行蛋白质饲料的过瘤胃保护？

牛的瘤胃微生物对饲料的消化起着非常重要的作用。瘤胃微生物可以将非蛋白氮合成菌体蛋白为牛提供更全面的蛋白质营养。同时，瘤胃微生物也可以将一些营养物质分解，降低营养物质利用率，尤其是优质蛋白质饲料（豆饼、豆粕等）的瘤胃降解率相对较高。因此，需要对一些瘤胃降解率相对较高的饲料进行过瘤胃保护，避免其在瘤胃内被降解，使之直接进入小肠被消化利用，从而达到提高饲料利用率的目的。

对于维持饲养和生产水平不高的反刍动物而言，日粮中蛋白质饲料在瘤胃中降解所合成的微生物菌体蛋白和非降解蛋白部分所提供的氨基酸就可以满足牛体生长和生产需要。但是，快速生长犊牛和种用肉牛对氨基酸需要量很大，当能量一定，氮源充足的情况时，微生物菌体蛋白的产量相对稳定，要满足畜体的氨基酸需要，达到理想生产性能，只能通过增加过瘤胃蛋白水平，解决小肠氨基酸供应量不足的矛盾。通过合适的保护方法，避免优质蛋白质饲料在瘤胃中降解速度过快，可增加过瘤胃蛋白的数量，改善氮的利用率，增加氮的沉积，提高生产力，提高蛋白质饲料的利用率，减少环境污染。

目前，蛋白质饲料的过瘤胃保护方法主要有以下三种。

（1）加热处理　加热可导致蛋白质变性，降低蛋白质溶解度，从而降低蛋白质在瘤胃中的降解率。同时，热处理蛋白质使瘤胃内氮的产量下降，降解率下降，并使糖醛基与游离的氨基酸发生不可逆反应。用热处理保护蛋白质常伴随着小肠内消化率的降低，且热处理常使一些氨基酸受到破坏。因此，热处理蛋白质还需要根据蛋白类饲料的品种和结构而做适当的调整。

（2）物理包被法　白蛋白可在饲料颗粒外形成一层保护膜，全血、乳清蛋白、卵清蛋白等物质富含白蛋白。利用这些物质包被处理瘤胃降解率较高的饲料蛋白，可使饲料的降解率下降，而且牛的氮沉积增加。

（3）化学方法

①甲醛或醋酸保护法　甲醛或醋酸与蛋白质分子的化学基团发生反应，这种反应在酸性条件下可逆，从而使被保护蛋白质在瘤胃降解率下降，在瘤胃后消化道中由于 pH 降低而与甲醛或醋酸分开，被蛋白酶所消化。

醋酸处理：取需要处理蛋白质原料重量 3% 的醋酸，用水进行 1∶1 稀释，将稀释溶液直接喷洒在蛋白原料上混匀，密封 24 小时，在 65～70℃温度下烘 10 小时。

甲醛处理：取需要处理蛋白质饲料总蛋白重量 0.6% 的甲醛，用需处理蛋白质饲料重量 10% 的水进行稀释，将稀释溶液直接喷洒在蛋白质原料上进行混匀，密封 24 小时，在 65～70℃温度下烘 10 小时。

②氯化锌　锌盐使可溶性蛋白质沉淀，同时可抑制瘤胃中某些细菌的蛋白水解酶活性，因而使日粮蛋白在瘤胃的降解度降低，减少蛋白质在瘤胃的降解量。

③单宁保护法　单宁广泛分布于饲料作物中。单宁可与消化

酶及饲料蛋白质特异性结合形成而沉淀，大大降低了植物蛋白在瘤胃中的降解率，同时还能减少膨胀。当此沉淀流经真胃和小肠时，蛋白质与单宁立即分离，经蛋白酶分解，形成容易吸收的小分子物质，在某种程度上起到了过瘤胃蛋白保护作用。但是，单宁的适口性差，而且有抗营养作用。

浓缩单宁是结合蛋白质和抑制瘤胃降解的天然植物补充复合物。瘤胃中适量的浓缩单宁可以保护饲料中的蛋白质免受瘤胃微生物的降解，从而增加可被小肠吸收的蛋白质量。

④氢氧化钠　用饲料干物质量 2％～3％ 的氢氧化钠（NaOH）处理蛋白类饲料，可以降低粗蛋白的瘤胃降解率，从而起到蛋白质饲料的过瘤胃保护。

39. 肉牛常用牧草有哪些?

肉牛生产上常用牧草主要有黑麦草和青贮玉米，也可种植高丹草、杂交狼尾草、苏丹草、菊苣和籽粒苋等。

肉牛舍饲饲养的草场牧草选择，最好的牧草品种是白三叶、黑麦草、鸭茅等。根据饲草利用情况可以进行不同的播种。如果是刈割饲喂或加工，则可采用饲料作物与牧草轮作的方式，草种有多花黑麦草、紫云英、饲用玉米、苏丹草、饲用甘蓝、芜菁、胡萝卜等；或者在经济林、果园林种植较耐阴牧草，适宜草种有白三叶、红三叶、鸭茅、高羊茅、巴哈雀稗。如果是放牧，则一般采用多年生禾本科牧草和豆科牧草混播，如多年生黑麦草 40％＋鸭茅（早熟禾）40％＋白三叶 15％＋红三叶 5％。

肉牛生产上，常用牧草有以下几种。

（1）多花黑麦草　多花黑麦草又名意大利黑麦草，是一年生禾本科牧草。多花黑麦草生长迅速，质量优良，营养全面，是世界上栽培牧草中优良的禾本科牧草之一。多花黑麦草须根密集，茎秆直立，疏丛型，高 80～120 厘米，叶片长 10～30 厘米，宽

3~5毫米。叶面光滑有光泽，深绿色。

多花黑麦草茎叶柔嫩，适口性好，可用来青饲、青贮或调制干草，一年可刈割3~5次，亩产鲜草3 000~5 000千克，早期收获叶量丰富，抽穗以后茎秆比重增加。

青饲应在孕穗至抽穗期刈割，整喂或切短饲喂。要边割边喂，不要一次刈割太多，造成浪费。青贮应在抽穗至开花期刈割，要边割边贮，连续作业。如果鲜草含水量超过80%，青贮时应添加草粉、糠麸等干物质，或将刈割的鲜草晾晒一天，失去部分水分后再青贮。开花期刈割，干燥失水快，可调制成优良的青干草。

（2）墨西哥玉米　墨西哥玉米为一年生草本植物，具有分蘖性、再生性和高产优质的特点，是牛的极佳青饲料。墨西哥玉米须根强大，茎秆粗壮、直立、光滑，秆高250~310厘米。墨西哥玉米分蘖力强，每丛40~60个分支。叶片长60~130厘米，宽7~15厘米。墨西哥玉米在适宜的密度和水肥条件下，年刈割7~8次，亩产青茎叶10 000~30 000千克。

作青饲时，可在苗高1米左右收割，留茬5厘米，以后每间隔20天割1次，每次割时比原留茬点要高出1.0~1.5厘米，以利速生。作青贮时，可先割1~2次。青饲后，当再生草生长到2米左右高，孕穗时再割；作种子用时，也可割2~3次后，待其植株结实，苞叶变黄时收获。

（3）杂交狼尾草　杂交狼尾草属多年生草本植物，是美洲狼尾草与象草的杂种一代，具有高产、优质的特点。杂交狼尾草须根发达，根系扩展范围很广；茎秆圆柱形、直立，粗壮、丛生，株高3.5米；叶长60~80厘米、宽2.5厘米，叶缘粗糙，叶面光滑或疏被细毛，中肋明显，叶鞘光滑无毛，与叶片连接处有紫纹；杂交狼尾草再生能力强，可多次刈割，在水肥条件较好的情况下，亩产可达1.0万~1.5万千克。

杂交狼尾草主要用作青饲和青贮饲料，也可作放牧利用。一般喂牛株高 1.0～1.3 米左右时刈割，适口性较好，全年可刈割 4～5 次，每割 1 次促进分蘖 1 次。收割时，一般留茬高度为 10～20 厘米为宜。由于杂交狼尾草生长后期茎秆比较坚硬，可以在春季先刈割 1 次青饲料，然后在抽穗后刈割留作青贮。

40. 青干草应如何调制？

干草一般是指结籽前的青草晒制而成的饲草。它的营养价值与植物的种类、收割时期、调制方法及贮存有关。优质干草含有丰富的粗蛋白质、胡萝卜素、维生素 D 及矿物质，是牛的一种良好的粗饲料。牧草成熟后，干物质含量增加，但是消化率降低，收割期应选择干物质含量与消化率的最佳平衡点。大部分干草应在牧草未结籽前收割。

（1）干草的种类和特点 干草的种类包括豆科干草、禾本科干草。豆科干草中，苜蓿营养价值最高，有"牧草之王"的美称。中等质量的干草含粗纤维 25%～35%，可消化蛋白质 12%，含消化能为 8.64～10.59 兆焦/千克干物质。

制备干草的目的与要求：在最佳时间收割，最大限度地保存青草的营养物质，保证单位面积生产最多的营养物质和产量，不耽搁下一茬种植；在牧草生长旺季，制备大量的干草，使青草中的水分由 65%～85%降低到 20%以下，达到长期保存的目的，供肉牛冬天饲草不足时饲用。

（2）干草的制备 目前，制作青干草的方法有地面干燥法、草架干燥法、发酵干燥法和使用化学制剂干燥法等。

①地面干燥法 牧草收割后，堆在地面曝晒，并适当翻动（翻动 2 次为宜）使其自然干燥。当水分降到 40%～50%时，搂成较厚的平堆，让大部分茎叶在平堆内风干；当水分降到 20%左右时，并成大堆让其自然干燥；水分降到 14%～17%时，贮藏青干草。

此种方法，青草养分损失少，并且在大堆中有发酵作用，使青干草具有清香味，肉牛喜食。但在多雨潮湿季节不宜采用。

②草架干燥法　用树干、独木架、木制长架、活动式干草架作草架。将收割的牧草先在地面上干燥 1 天或半天，使水分降到 45％～50％，再将牧草由下向上逐层放在草架上，进行自然干燥。放置时，最底层的牧草离地面 30 厘米，草顶端朝里，草堆中要留有通道，利于通风。

此种方法费用高，但营养物质损失量小，在制作过程中要防止淋雨。

③发酵干燥法　在有雨、多雨的季节可采用发酵干燥法。即在刈割的青草晾晒到含水分 50％左右时，分层堆积到 3～5 米高时，并且逐层压实，表面用塑料薄膜或土覆盖，使草迅速发热，待堆内温度上升到 60～70℃时，打开草堆，即可在短时间内风干或晒干。

④化学制剂干燥方法　在青草表面喷洒碳酸钾、碳酸钾加长链脂肪酸的混合液、碳酸氢钠等化学物质，这些物质能够破坏植物体表面的蜡质层结构，促使植物体内水分蒸发，从而减少营养物质的损失。

⑤人工干燥法　人工干燥的干草营养价值高，因为减少了叶片的损失，并且保留最高量的蛋白质、胡萝卜素与核黄素。人工干燥的缺点是干草不含维生素 D，要消耗大量的能源，在我国尚未应用于生产。

人工干燥方法一般分为高温法和低温法两种。低温法是采用 45～50℃，青草在室内停留数小时，使青草干燥；也有用高温法，使青草通过 700～760℃热空气干燥，时间为 6～10 秒钟。

（3）青干草的贮藏　调制好的青干草应及时贮藏，以免雨淋发霉。常见的贮藏方法有两种。

①草棚贮藏　青干草贮藏在专门的草棚内，以免经风吹日晒、雨淋后养分损失。

②露天草堆　如果青干草体积太大，不能在草棚内贮藏，则可在露天选择地势高的地方，把干草拾堆成垛存放。堆放前，用石块、木头把垛底垫高 0.3～0.6 米，堆放应分层进行，压实；垛好后把草垛梳理整齐，堆顶用草绳交叉系紧，以免风吹顶，并用稀泥抹顶，或用塑料膜盖顶。

41. 如何进行秸秆饲料的碱化处理？

用碱处理秸秆主要是提高秸秆消化率。从处理效果和实用性看，在肉牛生产实践中用得

较多的有氢氧化钠处理和石灰水处理两种方法。

（1）氢氧化钠处理

①用氢氧化钠进行湿法处理　先配制 1.5％氢氧化钠溶液，再用相当于秸秆 10 倍量的氢氧化钠溶液在室温下浸泡秸秆 3 天，多余的碱用水冲洗掉，最后用经处理后的秸秆喂牛。

这种处理方法的优点是能维持饲草原有结构，有机物质损失较少。经此法处理的秸秆，纤维素成分全部保存，干物质大约只损失 20％；它能提高消化率；处理后秸秆有芳香味，适口性好；设备简单，花费较低。据报道，用氢氧化钠处理的黑麦秸，其有机物消化率由 45.7％提高到 71.2％。但是，用这种方法处理秸秆，在用水冲洗过程中，将有 25％～30％的木质素、8％～15％的戊聚糖物质损失掉；而且用大量的水冲洗，也易造成环境污染。所以这种方法没有得到广泛的应用。

②轮流喷洒法　方法是用 1.5％的氢氧化钠溶液轮流喷洒秸秆，喷洒碱液后，不用水冲洗，而用磷酸中和。中和溶液中可以加入适当的微量元素、尿素、糖蜜和维生素物质等。用此法处理，秸秆有机物质消化率可以提高到 66％。

③浸泡法　方法是将秸秆放在 1.5％氢氧化钠溶液中浸泡 0.5～1.0 小时，再晾干 0.5～2.0 小时，随之在 10℃左右的气温

下堆放成熟3～6天，最后用经堆放的秸秆喂畜。进行第二批浸泡时要添水，并按每千克秸秆加60克氢氧化钠，以保持氢氧化钠溶液的1.5％的浓度。经此法处理的秸秆，有机物质消化率可以提高20％～25％。如果在浸泡液中加入3％～5％的尿素，则处理效果会更好。

用氢氧化钠处理秸秆，秸秆的消化率与氢氧化钠数量有关。试验证明，只有当每100千克的秸秆用6千克以上的氢氧化钠处理时，秸秆的消化率才显著提高，当氢氧化钠达12千克时，效果最好，当然成本也更高。另外，不同处理时间与秸秆的消化率有关。试验证明，用氢氧化钠处理秸秆3～6小时，即可使秸秆中的粗纤维消化率达到最高。经综合分析，无论是有机物质，还是无氮浸出物和粗纤维，其消化率均以处理12小时为最佳。

（2）石灰处理　此方法就是利用氢氧化钙处理秸秆。它又可分为石灰乳碱化法和生石灰碱化法两种。

①石灰乳碱化法　先将45千克的石灰溶于1吨水中，调制成石灰乳（即氢氧化钙微粒在水中形成的悬浮液），再将秸秆浸入石灰乳中3～5分钟，随之把秸秆捞出，放在水泥地上晾干，经24小时后即可饲喂家畜。捞出的秸秆不必用水冲洗，石灰乳可以继续使用1～2次。为了增加秸秆的适口性，可以在石灰乳中加入0.5％的食盐。

在生产中，为了简化石灰处理秸秆的手续和设备，可以采用喷淋法。在铺有席子的水泥地上铺上切碎的秸秆，再用石灰乳喷洒数次，然后堆放，经软化1～2天后即可饲喂家畜。

②生石灰碱化法　按每100千克秸秆加入3～6千克生石灰，搅拌数次使之均匀，再放适量的水，使秸秆浸透，随之在潮湿状态下保持3～4昼夜使之软化，最后分批取出、晾干即可给家畜饲用。

石灰处理的秸秆，效果虽不及氢氧化钠处理的好，且易发霉，但石灰来源广，成本低，对土壤无害，且钙对家畜也有好处，故可使用。使用时，应需要注意钙、磷平衡问题，适当补充磷酸盐。

42. 秸秆饲料的氨化处理方法及饲喂肉牛时应注意哪些事项？

（1）秸秆氨化的处理方法　氨能破坏植物细胞壁木质素与纤维素、半纤维素氢键之间的稳定性，从而提高秸秆的消化率。此外，氨含有氮，秸秆经氨化处理后，能提高粗蛋白含量量。氨化处理通过氨化与碱化双重作用，提高了秸秆的营养价值，秸秆经氨化处理后，粗蛋白质含量可增加 $1.0 \sim 1.5$ 倍，纤维素含量降低 10%，有机物消化率提高 20% 以上。

因此，秸秆的氨化是解决当前养牛粗饲料数量不足、质量较差的有效技术措施。

氨化处理常用液氨、尿素等。秸秆氨化的处理方法很多，可地窖式、半地窖式、围墙式、堆垛式、袋装式等。下面仅介绍用液氨、尿素处理的堆垛式氨化方法，以供养殖户参考。

①液氨氨化处理　液氨又称无水氨（NH_3），在常温常压下为无色气体，有强烈的刺激性气味。在常温下加压即可液化，所以必须保存在钢罐中。

具体处理方法：地势高的地面铺一层塑料薄膜，然后将含水量 30% 左右秸秆打捆或散着堆成垛，垛的大小可根据秸秆量而定，再用塑料薄膜覆盖。为防止漏气，可将上下两层薄膜折叠，并用泥土或砖压紧。用带有孔眼的金属通条插入秸秆垛的中心部位，通条用胶管与钢罐或氨槽车相连，徐徐将氨通入，用量按每 100 千克秸秆给 3 千克氨。通氨后，将通条拔出，立即用胶布把塑料薄膜的小口封上。一般在冬天密封四周以上，夏季密封两周即可启用。

②尿素氨化处理　尿素已是我国普遍使用的化学肥料，尿素

的含氮量很高（40.7%），但必须在尿素酶的作用下，才能将尿素分解释放出氨。肉牛瘤胃内有尿素酶，所以在没有液氨来源的地区，可用尿素作为氨源进行秸秆氮化。

具体处理办法：在地势高、平整的地面上铺层塑料薄膜，然后铺秸秆，每层厚度为10～20厘米，洒上一次尿素水，调节处理后的秸秆含水量为30%左右。最后，将另一块大塑料薄膜覆盖在堆好的秸秆四周和地面塑料薄膜贴紧，用土或重物压紧密封。处理时间，夏季两周，冬季四周。

目前，秸秆的处理也可采取氨化与碱化结合方法进行处理，把氨化与碱化二者的优点结合利用，既提高秸秆饲料营养成分含量，又提高饲料的消化率。即秸秆饲料氨化后再进行碱化，如稻草氨化处理的消化率仅55%，而复合处理后则达到71.2%。这样处理投入成本较高，但能够充分发挥秸秆饲料的经济效益和生产潜力。

（2）氨化秸秆饲用注意事项

①经氨化处现的秸秆喂牛时，应提前1～2天打开塑料薄膜，让氨挥发后饲喂，每次取料后必须将塑料薄膜封严，直到用完为止。否则，不但氨化秸秆的适口性差，而且牛采食后，瘤胃中会产生过量氨，容易引起动物氨中毒。

②良好的氨化秸秆为棕色、深黄色或黄褐色，气味糊香，质地柔软，色泽发亮。如果开封后，秸秆颜色呈白色、灰色，甚至发黑、发黏、结块，并有腐败味，则不能利用。

③刚开始饲喂氨化秸秆时，牛可能不习惯采食，这就需要有一个逐渐适应的过程，这种适应过程称之为驯饲。驯饲方法比较简单易行，开始时少给勤添，逐渐提高饲喂量，一般经过一周就能适应。当第一次饲喂出现不肯采食时，只要不喂给其他饲料，由于饥饿下，一次饲喂也就采食了。一旦习惯，就能大量采食。

④饲喂氨化秸秆饲料，必须与富含碳水化合物饲料混合饲

用，保障非蛋白氮的利用效率。秸秆的氨化处理，增加了饲料中非蛋白氮的含量，牛的瘤胃对非蛋白氮的利用必须有适量的能量和合成菌体蛋白质的碳架，饲喂氨化饲料要配合饲喂一定量的能量饲料，这样才能起到提高蛋白质水平的目的。

43. 青贮饲料的制作及饲用时应注意哪些问题？

青贮饲料就是把新鲜植物性饲料，如玉米秸、甘蔗尾、花生藤、象草、甘薯等贮入窖内或堆积成堆，经过发酵而制成的可长期保存的青绿多汁饲料。它既能保持青饲料的营养价值，提高原料的适口性，又可调节青饲料的均衡供应，是牛的一种很好的饲料。

（1）青贮的原理　青贮就是把新鲜的植物性饲料切碎后，装进青贮窖、青贮塔内压实密封，经微生物发酵而制成具有酸香味的可口性饲料。这种饲料可保存几个月甚至几年。所以，青贮是一种长期贮藏青绿饲料的好方法。

青贮的好坏，关键在于创造一定的条件。保证在空气中和附于饲料上的有益细菌，如乳酸菌、酵母菌等的生长、繁殖，使饲料发酵，产生适量的乳酸，抑制其他有害菌类如霉菌、腐败菌、酪酸菌等的生长。

①青贮原料要求　乳酸菌是一种厌氧菌，在生长繁殖过程中，需要一定的糖类和水分。因此，存贮时，作为青贮的原料应含有一定的糖类和适量的水分。

糖分少，乳酸菌增殖慢，产生的乳酸极少，难于抑制其他杂菌的生长。原料水分含量过多或过少，也不利青贮。水分过多，糖分浓度变稀，汁液外渗，造成养分流失，而易使酪酸菌繁殖，使青贮质量不好；水分太少，原料不易压紧，易造成好氧腐败菌繁殖，引起发霉腐败。用作青贮的原料，要求含水分 65%～70%。

②青贮环境要求　由于乳酸菌为厌氧菌，故在青贮时，务须将青贮原料切短、踩压紧密，以促进乳酸菌迅速生长繁殖，产生大量的乳酸，抑制其他微生物的生长。当产生的乳酸达到了定量时（pH 降至 3.8～4.2），乳酸菌也受抑制，从而停止生长，使青贮窖内形成无菌无氧的环境，使饲料得以长期保存。可作为青贮的原料种类很多，如玉米秸（最好连穗）、甘蔗尾、象草、甘薯藤、花生藤、甘薯等。

（2）青贮的方法

① 建窖地点　不论用青贮窖、青贮塔或青贮壕，其地点均应选在地势较为干燥、向阳、土质坚实、排水良好，且靠近牛舍的地方。

② 窖的大小　青贮窖必须坚固、不透气、不漏水，有条件的窖壁和窖底可用石块砌成。窖的大小则根据青贮饲料的数量和种类而定。原料种类不同，单位容积青贮饲料的重量也不同，一般每立方米容饲料 450～650 千克，青贮窖的容量是以青贮窖容积乘上每立方米可容青饲料的重量。

③ 原料准备　用作青贮的原料，宜先切短，目的是使作物流出大量汁液，以利乳酸菌的生长，同时也利于压实。

④ 填装　填装青贮原料时，要随装随铺平压实，尤其是窖的四周边缘更要注意压实，排除空气，减少留存空隙。

⑤ 封盖　窖装满后，在青贮料上面盖上塑料薄膜，上面再铺一层稻草，然后盖土密封。若土质干燥，可洒些清水，使土质黏合坚固。盖上厚约 60 厘米，将土推成馒头形状。以后经常检查，如发现下陷或裂缝，要及时加土修补，以防雨水流入和透气，影响青贮饲料的质量。

（3）开窖使用　饲料青贮经过 40 天后便可使用。开窖取用时，先将窖面的覆土及稻草除掉，如果最上一层变黑色，则取出不用。品质好的青贮料呈黄绿色，有芳香味和酸味，多汁，质地柔软可口。若呈黑褐色且带有腐臭味或干燥发霉，则不宜用来喂牛。取出的青贮饲料应当天用完、不要留置过夜，以免变质。

青贮饲料的用量，一般育肥肉牛每头每日 10～20 千克，产犊母牛 15～20 千克，青年母牛 5～10 千克。

44. 提高饲料营养水平对肉牛育肥效果有什么影响？

长期以来，肉牛生产主要是采用比较落后的传统生产模式，大多数牛是由千家万户以分散的饲养方式育肥的，没有科学的规范化标准，更没有形成规模。尽管有些地区也发展了一些专业化的大型肉牛育肥场和饲养规模相对较大的肉牛育肥专业户，但毕竟出栏屠宰牛的数量十分有限，占总出栏量的比例很小。在饲养管理方面，不根据营养需要科学配制合理日粮，肉牛养殖因陋就简，有什么喂什么，忽视了对牛产肉性能方面的考虑，导致日粮的营养水平不合理，使肉牛的产肉潜力发挥不出来。

（1）提高全混合日粮（TMR）营养水平，可以提高肉牛鲜物质与干物质的采食速度，在降低日粮采食量的同时，起到提高肉牛增重速度的作用。

生长发育是动物生命活动过程中的重要阶段，育肥是饲养动物的重要生产目的，而营养物质则是生长育肥的物质基础。肉牛采食的日粮营养物质，必须先满足其生存过程中维持正常生命活动必不可少的营养损耗，多余的部分才能供其用于生长与增重。提高日粮营养水平，可以使肉牛用于生长、增重的营养物质增加。据研究报道，肉牛育肥期日粮的营养水平与日增重成线性相关，营养水平越高，日增重、累积增重就越大，饲料报酬也越高。

（2）提高 TMR 营养水平可以提高肉牛的胴体性能指标，提高牛肉的总产量　肉牛育肥期过长，饲料消耗量大，转化率也会随着降低；育肥期过短，肉质又达不到一定的质量。在肉牛育肥过程中，只有屠宰后以牛肉出售，才能提高经济效益。同时，无论以任何一种形式出售，日粮营养水平越高，肉牛增重越快，饲料报酬就越高，经济效益也随之提高。主要原因可能是营养水平较高时，日粮营养成分用于维持营养的比例相对减少，而用于增重的比例相对加大的结果。所以在肉牛育肥生产中，适当提高日粮的营养水平可以提高经济效益。

营养水平的好坏直接影响肉牛的产肉量和肉的品质。若营养供给充足，就能获得较快的增重，只有育肥度好的牛，其产肉量和肉质才是最好的；若营养缺乏，势必影响肉牛的增重速度。

据研究报道，用不同的饲养水平培育幼阉牛，在 18 月龄进行屠宰试验，肉牛在饲养不良的情况下，体重大大降低，肉的产量和质量也显著下降。科学地组织放牧育肥和舍饲育肥是提高产肉性能的有效办法。牛在天然草地放牧育肥 100～150 天能增重 100～150 千克，成年牛体重增加 30％～50％，牛肉的营养价值则提高 1～2 倍。

饲养水平是改善肉的品质、提高肉的产量最重要的因素。牛在正确的培育、放牧育肥和舍饲育肥情况下，能提高肉的产量，并获得含水量少、营养物质多的品质优良的牛肉。

45. 饲料类型对肉牛育肥效果有什么影响？

常见的肉牛育肥饲料根据饲料形态可以分为粗料型、糟渣料型以及精料型三种类型。按照营养物质平衡程度又可以分为全价饲料和非全价饲料两种类型。

在肉牛育肥阶段，如果单独的采用粗料型日粮、糟渣料型日粮、非全价型日粮或者是精料，所达到的育肥效果不会太明显。饲料搭配技术对于肉牛的育肥效果是非常重要的。

（1）粗饲料　在肉牛饲养业中，一般将粗纤维含量较高的干草类、农副产品类（包括收获后的农作物秸、荚、壳、藤、蔓、秧）、干老树叶类统称为粗饲料。粗饲料来源广，成本低，是肉牛最主要、最廉价的饲料。在牧区，有广阔的草原牧场做后盾；在农区，每年有数亿吨计的作物秸秆可利用，野草也随处可获。除栽培牧草和草原牧场改良需要一定投资外，干草的晒制和秸秆的利用并无多少投入，故深受农牧民的欢迎。

粗饲料的营养含量一般较低，品质亦较差。以粗蛋白质含量比较，豆科干草优于禾本科干草，干草优于农作物副产品。有的作物的秧、蔓、藤及树叶与干草相当，甚至优于干草。作物的荚、壳略高于禾本科秸秆，以禾本科秸秆最低。粗饲料粗纤维含量高，适口性差，消化率低。粗饲料的质地一般较硬，粗纤维含量高，适口性差，肉牛对此类饲料的利用有限。但由于粗饲料容积较大，质地粗硬．对肉牛肠胃有一定刺激作用，有利于其正常反刍，是饲养肉牛过程中不可缺少的一类饲料。

（2）糟渣饲料　糟渣饲料是酿造业、制糖业、食品加工业等行业的加工副产物，如酒糟、木薯渣、果渣、淀粉渣等。我国的糟渣类资源丰富，种类多，数量大，仅酿酒、淀粉、果品加工每年就可产生上亿吨的糟渣。因原料组成、生产工艺不同其营养价值不同。糟渣类饲料普遍营养物质含量丰富，是受养殖户欢迎的廉价饲料资源。但是新鲜糟渣类饲料的共同特点是含水量高，如鲜白酒糟含水量高达 60％以上，鲜木薯渣含水量 80％～90％，若不及时贮藏处理极易腐败变质，既浪费饲料资源，又对环境造成污染。同时，糟渣类饲料的生产易于受到环境温湿度、季节性变化的影响，易造成养殖场糟渣类饲料季节供应不平衡，而且受到运输距离和成本的限制。

糟渣类饲料特点是含水量高，体积大，营养成分含量少，受原辅材料变化影响大，不耐贮存，适口性较好，价格低廉。糟渣类饲料是养牛业中一类重要的粗饲料，应用合理，可大大降低饲料成本。在糟渣类饲料中，以啤酒糟的催肥效果最好。

（3）精饲料 精饲料包括粮谷类、饼粕类和糠麸类。精饲料主要特点是体积小，营养丰富，含粗纤维少，消化率较高。根据其蛋白质含量又分为能量饲料和蛋白质饲料。能量饲料主要有玉米、高粱、大麦及糠麸类，尤以玉米为主要能量饲料。含粗蛋白质 20% 以上的饲料称作蛋白质饲料，如豆饼（粕）、葵花子粕、棉籽粕、玉米蛋白粉等。精饲料是保障肉牛快速育肥的关键，但肉牛属于反刍家畜，过高的精料日粮会引起肉牛消化疾病产生，影响育肥效果。

肉牛的饲料供应应采用分阶段育肥的方式，这样可以灵活应用粗料型、糟渣料型饲料做短期的饲养用料，先将肉牛的架子长起来，后期主要侧重于长肉。精料型日粮一般在育肥的最后阶段（90~120 天）使用，主要目的是通过短期育肥，达到改善牛肉品质的目的。

46. 牛的年龄和饲料利用效率是什么关系？

牛的年龄对饲料的利用效率影响很大，肉牛在生长发育不同阶段生长内容及其速度不同。对于幼年肉牛来讲，增重以蛋白质沉积为主，机体水分占的比例较大，可达 70%。随着年龄的增长，肉牛机体脂肪的比例明显上升，水分有所减少，机体水分占的比例为 50% 左右。因此，肉牛年龄愈小，饲料报酬愈高；肉牛体重越大和饲养时间越长，维持需要所占总营养需要比例也越大，饲料报酬也就越低。

鉴于以上原因，生长育肥肉牛，全期保障充足营养的饲养，有利于肉牛获取最大的日增重和最佳饲料报酬。但在肉牛生长后期，脂肪沉积量增大，由于每千克脂肪沉积所含能量是瘦肉的 5 倍以上，脂肪沉积的增加，意味着饲料报酬的下降。为了避免肉牛酮体过肥，可适当限食，以降低日增重，减少脂肪沉积，避免饲料报酬的下降，保障最佳的育肥效果。

47. 母牛过肥或过瘦对繁殖有什么影响？

在畜牧生产中，历来注意用体况（又称膘情）来判断畜群的饲养管理水平及畜群的营养状况和商品价值。

肉牛膘情的评价常采用体况评分，主要根据观察和触摸尾根区和腰区的皮下脂肪蓄积情况分别打分，然后算出综合分，采用5 分制，最瘦为 0 分，最肥为 5 分，级差为半分或更小。体况评分是反映母牛能量贮备的一个指标，它直接关系到母牛的健康和营养状况、泌乳量和繁殖率。

母牛在分娩时和分娩前后的体况以及体重变化对繁殖力产生重要影响。尤其是分娩到产后 60 天体况对繁殖力的影响最大。分娩时，体况好的母牛返情快，体况差的母牛卵巢和子宫恢复功能迟缓，安静发情增多，产后发情时间推迟。母牛在产后 0～60天，因能量负平衡，体重变化比较大。如果分娩时体况好，母牛可以动用体内的脂肪贮备来抵消这种不利影响。研究表明，分娩时体况好（≥4），不管产后体重怎样变化，都有 90％ 的母牛在不到 60 天内按时发情；体况中等（2.5～3.0），产前增重，产后失重，但仍有 67％ 的母牛正常发情；体况差（≤2），产前产后都失重，只有 25％ 的牛的在产后 60～80 天返情。

由此可见，体重变化和分娩时体况评分对繁殖的重要性。母牛分娩前后提出的体况评分要求是：产前 3.5～4 分；分娩时3.5～4 分；产后 20～60 天 2.0～3.0 分。许多学者也认为，母牛产犊前后应保持不少于 4 的评分，这样才不至于使母牛繁殖率受到任何不利影响。因为这一体况的母牛的能量贮备，足以应付下一个繁殖周期的到来。

体况是体内营养状态的一种反映，日粮中的营养水平同体况的相互作用及其对繁殖性能的影响比较复杂。研究发现，对产前体况差的牛，产后提高能量水平使体重增加，可以使 45％～

47％的母牛繁殖性能得到改善。这些结果说明，对体况比较差的繁殖母牛，提高产前、产后营养水平效果比较显著，而对原来体况较好的母牛效果较差。另外，对于泌乳性能高的母牛，提高产前产后营养水平改进繁殖力更有实用价值。

48. 酒糟喂肉牛应注意哪些问题？

酒糟是酿酒过程中的直接下脚料，它不仅含有一定比例的粮食可以节省喂牛的精料，它还含有丰富的粗蛋白，高出玉米含量的 2～3 倍，同时还含有多种微量元素、维生素、酵母菌等，其中赖氨酸、蛋氨酸和色氨酸的含量也非常高，这是农作物秸秆所不能提供的。与农作物秸秆相比，酒糟的最大优点就是节粮；另外，酒糟的粗料成分也较高。因酒糟都是经发酵后高温蒸煮后形成的，所以它的粗纤维含量较低，这样就注定了酒糟作为牛的主要饲料有很好的适口性和容易消化的特点，不存在消化不良或消化不彻底的弊病，而且还能有效预防牛发生瘤胃臌气。

无论白酒糟还是啤酒糟，均含有一定量的酒精度，牛吃了较喂秸秆要老实许多，这样有利于牛食后安心趴卧和反刍，有促进牛育肥、缩短出栏率的积极效果。给牛投喂酒糟 20～30 天，就会发现牛的皮毛更加光亮柔顺，吃食也不再挑挑拣拣了。

经屠宰后的现场测定，喂酒糟的牛要比不喂的牛肉质好、纤维细、色泽鲜、有韧性，且比正常饲喂条件下的牛屠宰后的净肉率提高 3％～5％，净肉率高出 1 个百分点按 8 分钱计算的话，每千克就额外多收入 0.12～0.20 元，按 1 头出栏牛体重在600～700 千克出售的话，每头牛净赚 300～600 元，其经济效益相当可观。

（1）酒糟贮存保鲜

①一般酒糟要薄摊于水泥地面上晾晒，使含水量降到 15％

左右时便可较长时间保存。这种方法不适于阴雨天气，空气中湿度大时晒干也需较长时间，损失营养达 50% 左右。

②规模养殖场可以将酒糟放入暂时不用的青贮窖或氨化池内压实密封，造成厌氧环境，抑制大多数腐败菌的繁殖。在窖底和窖壁周围放一层干草或草袋子，周围也可用无毒塑料薄膜或草席，然后把酒糟装窖内，装一层踩实一层，直至把窖装满。然后在酒糟上部盖一层草，在草上盖上塑料薄膜，培上 0.3 米厚的土。窖顶呈馒头形，再用草或塑料薄膜盖上，用土压好，尤其窖的四周，要把塑料薄膜用土压实、压紧，不漏水，不渗水，可长期贮藏。

③酒糟的贮存也可以与秸秆混合微贮。每吨含水量 70%～80% 的酒糟中，混入铡短至 3～5 厘米长的秸秆或干草 350 千克，按秸秆发酵活干菌的操作规程，每袋苗剂 3 克处理 1.5 吨酒糟，分层装窖。喷洒压实后，在最上面的一层均匀撒上少许盐粉（每平方米 250 克），再压实用薄膜密封盖土，保质期可达 9～12 个月。

（2）酒糟饲喂

①定时、定量饲喂　春、冬两季每天喂 2 次，早上 7 点上槽，中午饮温水 1 次，下午 4 点上槽。秋季早上 5 点上槽，中午饮温水 1 次，晚 5 点上槽。夏季早上 4 点上槽，晚上 6 点上槽。中午饮清洁凉水 2 次。育肥初期，每头每天喂鲜酒糟 4 千克，中期喂 6 千克，后期喂 5.5 千克为宜。

②勤添、勤拌　饲喂时应少给勤添，随吃随拌。

③饲喂酒糟时，要由少到多，逐渐增加，等牛吃习惯后，再按量喂给。

④勤观察，以防中毒　酒糟中除含有营养物质以外，由于原料质量欠佳，含有毒物质的可能性较大。故饲喂酒糟时应特别注意，以防中毒现象的发生。

⑤喂量不能过大，长时间饲喂酒糟过多，极易引起肉牛胃酸

过多、瘤胃膨胀等疾病。

⑥防止维生素 A、维生素 D 缺乏症　要注意在精料中添加维生素 A、维生素 D，以保证牛体的快速生长。

49. 饲料配合的要点有哪些？

（1）配合日粮的原则　由于肉牛育肥时使用的饲料种类较少，因此配方相对较容易掌握。饲料配合的基本原则如下：

①清楚牛群的整体情况，包括年龄、品种、体重、育肥阶段和育肥目的，以肉牛的营养需要或饲养标准为依据，灵活运用确定投入方式。

②日粮尽可能由多种饲料组成，注意饲料的适口性好，消化率高，避免饲料单一，营养不全。

③了解肉牛的营养需要，即达到一定日增重对能量、蛋白质和钙、磷的需要量。

④组成肉牛日粮的饲料要尽可能符合肉牛的营养消化特点，注意精、粗饲料之间的比例。肉牛是草食家畜，需要采食一定量的粗纤维，才能保证正常的消化功能。

⑤选择饲料时，要因地制宜根据当地数量多、来源广、价格低廉的饲料，按最优经济收入原则选择饲料原料，以降低饲料成本。

（2）配合日粮注意事项

①注意饲料原料的价格（运输到牛场的最终价格）。

②大批量购买时，要首先测定饲料的含水量。含水量高时容易造成饲料霉变，同时使饲料成本升高。

③注意饲料的适口性。

（3）牛的饲料配方设计　牛的饲料配合设计有许多种方法，其中最常用的就是对角线和试差法。

现用对角线法实例配制生长育肥牛日粮。

体重300千克的生长育肥牛配制饲粮，饲粮含精料70%，粗料30%，要求每头牛日增重1.2千克，饲料原料选玉米、棉仁饼和小麦秸粉，步骤如下：

①从肉牛营养需要表中查出300千克体重肉牛日增重1.2千克所需的各种养分。

干物质7.28千克/天；粗蛋白质11.40%×7.28千克＝0.83千克/天；维持净能7.24兆焦/千克×7.28千克＝52.71兆焦/天；增重净能4.64兆焦/千克×7.28千克＝33.78兆焦/天。

②从饲料营养表中查出玉米、小麦秸和棉仁饼的营养成分含量。

③查出小麦秸提供的蛋白质含量：30%×3.6%＝1.08%

④计算饲粮中玉米和棉仁饼的比例：

A. 全部日粮需要的蛋白质量为：（0.83/7.28）×100%＝11.40%

B. 粗饲料（小麦秸）提供的蛋白质为：1.08%

C. 玉米和棉仁饼应该提供的蛋白质为：（11.40－1.08）×100%＝10.32%

D. 精料部分应含有的蛋白质为：（10.32/0.7）×100%＝14.74%

E. 仅用玉米时蛋白质不够，要用棉仁饼补充，用对角线法计算如下：

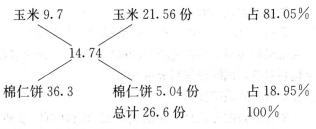

玉米 9.7 　　玉米 21.56 份 　　　占 81.05%

14.74

棉仁饼 36.3 　　棉仁饼 5.04 份 　　占 18.95%
　　　　　　　　总计 26.6 份 　　　100%

计算玉米和棉仁饼的比例：

玉米：（21.56/26.6）×100%＝81.05%

棉仁饼：（5.04/26.6）×100％＝18.95％

由于饲粮中精料只占 70％，所以玉米在饲粮中的比例应为：70％×81.05％＝56.74％。棉仁饼的比例应为：70％×18.95％＝13.26％。

⑤把配成的饲粮的营养成分与营养需要比较，检查是否符合要求。

六、肉牛的饲养管理与育肥

50. 肉牛生长有哪些规律?

肉牛在不同的生长阶段,不同的组织器官生长发育速度不同。某一阶段这一组织的发育快,下一阶段另一器官的生长快。了解这些生长发育规律,可以在生产中根据目的不同,利用最快的生长阶段,实现生产效率和经济效益的多快好省。

(1)体重增长　肉牛体重增长的不平衡性表现在12月龄以前的生长速度很快。在此期间,从出生到6月龄的生长强度要远大于从6~12月龄。12月龄以后,牛的生长明显减慢,接近成熟时的生长速度则很慢。因此,在生产上应掌握牛的生长发育特点,利用其生长发育快速阶段给予充分的营养,使牛能够快速生长,提高饲养效率。

(2)骨骼、肌肉和脂肪生长　肉牛的各种体组织(骨骼、肌肉、脂肪)占胴体重的百分率,在生长过程中变化很大。肌肉在胴体中的比例先是增加,而后下降;骨骼的比例持续下降;脂肪的百分率持续增加,牛年龄越大,脂肪的百分率越高。

牛体各组织所占的比重,因牛品种、饲养水平等的不同也有差别。骨骼在胚胎期的发育以四肢骨生长强度大,如果营养不良,使肉牛在胚胎期生长最旺盛的四肢骨受到影响,其结果是犊牛在外形上就会表现出四肢短小、关节粗大、体重较轻的缺陷特征。肌肉的生长与肌肉的功能密切有关,不同部分的肌肉生长速度也不平衡。脂肪组织的生长顺序为:先网油和板油,再贮存为皮下脂肪,最后才沉积到肌纤维间,形成牛肉的大理石状花纹,使肉质嫩度增加,肉质变嫩。

（3）组织器官生长发育　各种组织器官生长发育的快慢，依其在生命活动中的重要性而不同。凡对生命有直接、重要影响的组织器官（如脑、神经系统、内脏等），在胚胎期中一般出现较早，发育缓慢而结束较晚；而对生命重要性较差的组织器官（如脂肪、乳房等），则在胚胎期出现较晚，但生长较快。

牛体组织器官的生长发育强度，随器官功能变化也有所不同。如初生牛犊的瘤胃、网胃和瓣胃的结构与功能均不完善，皱胃比瘤胃大一半。但随着年龄和饲养条件的变化，瘤胃从 2～6 周龄开始迅速发育，至成年时瘤胃占整个胃重的 80%，网胃和瓣胃占 12%～13%，而皱胃仅占 7%～9%。

（4）补偿生长　幼牛在生长发育的某个阶段，如果营养不足而增重下降，当在后期某个阶段恢复良好营养条件时，其生长速度就会比一般牛快，这种特性叫做牛的补偿生长。

牛在补偿生长期间，饲料的采食量和利用率都会提高。因此，生产上对前期发育不足的幼牛常利用牛的补偿生长特性，在后期加强营养水平。牛在出售或屠宰前的育肥，部分就是利用牛的这一生理特性。但是，并不是在任何阶段和任何程度的发育受阻都能进行补偿，补偿的程度也因前期发育受阻的阶段和程度而不同。

51. 如何提高肉牛饲料的转化效率?

肉牛因具有可利用广大农牧区丰富的牧草和农作物副产品等非常规饲料，为人类提供肉产品的资源优势，得到人们的重视和发展。要使肉牛业真正成为一种高效节粮的畜牧业，还要根据肉牛消化生理特点，针对我国饲料资源及利用现状，研究有效改善肉牛饲料转化效率的技术措施。

（1）提高粗饲料的利用率　我国是一个农业大国，农作物副产品、秸秆类粗饲料以及农牧场饲草资源都很丰富。但秸秆类粗饲料，如大麦秸、小麦秸、玉米秸、高粱秸、稻草、大豆皮等属低质饲料，营养物质的消化率很低。要提高这些低质粗饲料的利用率，就要从提高采食量和为瘤胃充分发酵、分解、消化创造条件着手。

目前，粗饲料的加工调制以提高其利用效率的方法主要有以下几种。

①物理方法　物理方法主要有粉碎、铡短、揉碎、挤压制粒、浸泡、压扁等。其目的一是增加采食量；二是增大微生物与饲料的接触面积，促进微生物对饲料的消化。但要注意并不是将秸秆粉碎得越细越好。对肉牛来说，粗饲料加工的物理方法以揉搓或切短效果比较好。

②化学方法　化学处理不仅可以提高秸秆的消化率，而且能改进秸秆的适口性，增加采食量。化学方法主要有氨化法和碱化法。

③生物处理法和微生物处理法　生物处理法有两种，一种是通过转基因技术，将白腐真菌的木质素酶基因转给瘤胃微生物；一种是直接使用酶（如纤维素酶）。

微生物处理（EM）有秸秆酵母发酵法和秸秆饲料酶酵母加工处理法。目前，EM 这种由多种活菌微生物复合而成高科技产品的问世与应用，使微生物饲料生产技术得到提高。经 EM 处理的秸秆不仅适口性好，营养价值得到提高，生长效果显著，还可提高机体免疫力。同时，EM 还具有除臭的作用，可以消除或降低圈舍粪便的恶臭味。

④青贮　青贮是利用微生物的发酵作用，长期保存青绿多汁饲料的营养特性，扩大饲料来源的一种简单、可靠而经济的方法。

（2）合理利用非蛋白氮（NPN）　非蛋白氮（NPN）是指非蛋白质含氮化合物。在反刍家畜饲料中补加的 NPN，主要是指简单的含氮化合物，如尿素、缩二脲、铵盐等，其中以尿素的应用最广。但尿素饲喂不当，会造成尿素中毒，甚至引起家畜死亡。因此，在饲喂尿素时应注意，提供一定量的易消化的碳水化合物，以供细菌合成蛋白质时所需的能量和碳架；补加尿素的日粮蛋白质水平以 10％～12％为宜，过低或过高都不利于尿素的利用；保证供给瘤胃细菌生命活动所必需的矿物质；严格控制尿素喂量，尿素的喂量为日粮粗蛋白质需要量的 20％～30％，或为日粮干物质的 1％，成年牛每头每天饲喂 60～100 克，生后 2～3 月龄内的犊牛不能饲喂尿素。

（3）合理加工处理精饲料　禾谷类籽实饲料，如大麦、燕麦、水稻等，除有种皮外，还包被一层硬壳，不易被肠胃消化酶或微生物作用而整粒排出，影响营养物质的利用，需要加以调制和加工。

①机械加工　机械加工主要包括压扁与破碎、湿润与浸泡、蒸煮与焙炒、制成颗粒。

②发芽　冬春季节，青饲料缺乏，维生素不足，将谷物饲料如大麦、青稞、燕麦、谷子等发芽处理喂牛，是较好的维生素补充饲料。植物的幼芽含有大量的维生素 E，也含有一定量的胡萝卜素，B 族维生素和维生素 C。

③糖化　经糖化处理后，谷物饲料中的淀粉一部分转化为麦芽糖，使含糖量由 0.5％～2.0％提高到 8％～12％，且带有香味，既改善了饲料的适口性，又利于消化吸收。

（4）合理配制日粮　肉牛饲料的配制要以饲养标准为依据，结合本地饲料资源，结合肉牛消化生理特点和各阶段营养需要量，进行合理搭配。首先，满足肉牛对能量的需要，一般能量为 86％～90％，蛋白质为 10％～12％，矿物质和维生素为 2％～3％。在日粮的组成上，精、粗饲料配比要合理。

目前，我国的肉牛生产中，一般的饲养方式是粗饲料自由采食，每天补饲 2～3 千克精料混合料。

（5）科学的饲养管理　除对饲料的调制加工外，饲养管理对饲料利用率也有着重要影响。

夏季温度高影响采食，除采取必要的降温、防暑措施外，采用清晨和傍晚凉爽的时间饲喂并饮凉水。冬季要注意防寒，更要防止贼风，采取保温措施，提高舍内温度，以减少肉牛为保持体温而增加的饲料损耗。当日喂的料在前一天拿到舍里，以提高饲料温度。要饮温水，以 40℃ 左右为宜。搞好环境卫生，做好疫病防治工作，提高肉牛的免疫机能。健康的牛生长快、肉质好，饲料报酬也高，养牛的经济效益也就提高了。

52. 肉牛的育肥方法有哪些?

肉牛育肥有持续育肥和后期集中育肥两种方法。

(1) 持续育肥法 持续育肥法是指犊牛断奶后，立即转入阶段进行，一直到出栏体重 (12～18 月龄，体重 400～500 千克)。持续育肥法广泛用于美国、加拿大和英国。使用这种方法，日粮中的精料可占总营养物质的 50% 以上。这种方法既可采用放牧加补饲的方式，也可用舍饲拴系方式。持续育肥由于在饲料利用率较高的生长阶段保持较高的增重，加上饲养期短，故总效率高，生产的牛肉鲜嫩，仅次于小白牛肉，而成本较犊牛低，是一种很有推广价值的方法。

①放牧加补饲持续育肥法 在牧草条件较好的地区，犊牛断奶后，以放牧为主，根据草场情况，适当补充精料或干草，使其在 18 月龄体重达 400 千克。

要实现这一目标，随母牛哺乳阶段，犊牛平均日增重达到 0.9～1.0 千克。冬季日增重保持 0.4～0.6 千克；第二个夏季，日增重在 0.9 千克。在枯草季节，对杂交牛每天每头补喂精料1～2 千克。放牧时，应做到合理分群，每群 50 头左右，分群轮放。放牧时，要注意牛的休息和补盐。夏季防暑，狠抓秋膘。

②放牧－舍饲－放牧持续育肥法　此种育肥方法适应于 9～11 月出生的秋犊。

犊牛出生后，随母牛哺乳或人工哺乳，哺乳期日增重 0.6 千克，断奶时体重达到 70 千克。断奶后以喂粗饲料为主，进行冬季舍饲，自由采食青贮料或干草，日喂精料不超过 2 千克，平均日增重 0.9 千克。到 6 月龄，体重达到 180 千克。然后在优良牧草地放牧（此时正值 4～10 月份），要求平均日增重保持 0.8 千克。到 12 月龄可达到 325 千克。转入舍饲，自由采食青贮料或青干草，日喂精料 2～5 千克，平均日增重 0.9 千克，到 18 月龄，体重达 490 千克。

③舍饲持续育肥法　采取舍饲持续育肥法，首先制订生产计划，然后按阶段进行饲养。

犊牛断奶后即进行持续育肥。犊牛的饲养取决于培育的强度和屠宰时的月龄，强度培育和 12～15 月龄屠宰期间，需要提供较高的饲养水平，以使育肥牛的平均日增重在 1 千克以上。

制订育肥生产计划，要考虑到市场需求、饲养成本、牛场的条件、品种、培育强度及屠宰上市的月龄等。

按阶段饲养就是按肉牛的生理特点、生长发育规律及营养需要特征将整个育肥期分成 2～3 个阶段，分别采取相应的饲养管理措施。

（2）后期集中育肥法　对 2 岁左右未经育肥的或不够屠宰体况的牛，在较短时间内集中较多精料饲喂，让其增膘的方法称为后期集中育肥。这种方法对改良牛肉品质，提高育肥牛经济效益有较明显的作用。

后期集中育肥，有放牧加补饲法、秸秆加精料日粮类型的舍饲育肥、青贮加精料日粮类型舍饲育肥及酒精日粮类型舍饲育肥等方法。

①放牧加补饲育肥　此方法简单易行，以充分利用当地资源为主，投入少，效益高。我国牧区、山区可采用此法。

对 6 月龄未断奶的犊牛，7~12 月龄半放牧半舍饲，每天补饲玉米 0.5 千克、人工盐 25 克、尿素 25 克，补饲时间在晚 8 点以后；13~15 月龄放牧，16~18 月龄经驱虫后，进行强度育肥，整天放牧，每天补喂精料 1.5 千克、尿素 50 克、生长素 40 克、人工盐 25 克。另外，适当补饲青草。强度育肥前期，每头牛每天喂混合精料 2 千克，后期喂 3 千克，精料日喂 2 次，粗料补饲 3 次，可自由食。

②处理后的秸秆＋精料　农区有大量作物秸秆，是廉价的饲料资源。秸秆经过化学、生物处理后提高其营养价值，改善适口性及消化率。秸秆氨化技术在我国农区推广范围最大，效果较好。经氨化处理后的秸秆粗蛋白可提高 1~2 倍，有机物质消化率可提高 20%~30%，采食量可提高 15.96%~20%。以氨化秸秆为主加适量的精料进行肉牛育肥，各地都进行了大量研究和推广。精料组成为玉米 60%，棉籽饼 37%，骨粉 1.5%和食盐 1.5%。

③青贮饲料＋精料　在广大农区，可作青贮用的原料易得，青贮玉米是育肥肉牛的优质饲料。据国外研究，在低精料水平条件下，饲喂青贮料能达到较高的增重。试验证实，完熟后的玉米秸，在尚未成秸秆之前青贮保存，仍为饲喂肉牛的优质精料，加饲一定量精料进行肉牛育肥，仍能获得较好的增重效果。

④糟渣类饲料＋精料　糟渣类饲料包括酿酒、制粉、制糖的副产品，其大多是提取了原料中的碳水化合物后剩下的多水分的残渣物质。这些糟渣类下脚料，除了水分含量较高（70%~90%）之外，粗纤维、粗蛋白、粗脂肪等的含量都较高，而无氮浸出物含量低，其粗蛋白质占干物质的 20%~40%，属于蛋白质饲料范畴。虽然粗纤维含量较高（多在 10%~20%），但其各种物质的消化率与原料相似，故按干物质计算，其能量价值与糠麸类相似。

53. 肉牛育肥的影响因素有哪些？

肉牛育肥的影响因素很多，无外乎品种、性别、年龄、杂交优势、营养与饲养管理等。

（1）品种 肉牛品种按体型大小可分为大型品种、中型品种和小型品种；按早熟性可分为早熟品种和晚熟品种；按脂肪贮积类型能力又可分为普通型和瘦肉型。

一般小型品种的早熟性较好，大型品种则多为晚熟种。不同的品种类型，体组织的生长形式和在相同饲养条件下的生长发育仍有不同的特点。早熟品种一般在体重较轻时便能达到成熟年龄的体组织间比例，所需的饲养期较短；而晚熟品种所需的饲养期则较长。其原因是小型早熟品种在骨骼和肌肉迅速生长的同时，脂肪也在贮积；而大型晚熟品种的脂肪沉积在骨骼和肌肉生长完成后才开始。

（2）性别 造成公、母犊生长发育速度显著不同的原因，是由于雄激素促进公犊生长，而雌激素抑制母犊生长。公、母犊在性成熟前，由于性激素水平较低，生长发育没有明显区别，而性成熟开始后，公犊生长明显加快，肌肉生长速度也大于母牛，第十肋以前的肌肉重量公牛可达55%，而阉牛只有45%，公牛的屠宰率也较高。但脂肪的增重速度以阉牛最快，公牛最慢。

（3）年龄 牛的生长发育具有不平衡性，不同的组织器官在不同的年龄时段生长发育速度不同。一般生长期饲料条件优厚时，生长期增重快，育肥期增重慢。饲料条件贫乏时，生长期营养不足，供育肥的牛体况较瘦。在舍饲条件下，充分育肥时，年龄较大的牛采食量较大，增重速度较低龄牛高。

（4）杂种优势 杂交指不同品种、不同种牛间进行交配繁殖，杂交产生的后代称杂种。不同品种牛之间杂交称品种间杂交，人们一般常见的杂交即为该类杂交；不同种间的牛杂交则称为种间杂交或远缘杂交。杂交生产的后代往往在生活力、适应性、抗逆性和生产性能方面比其亲本提高，这就是所谓的杂种优势。

（5）营养　营养对牛生长发育的影响，表现在饲料中的营养是否能满足牛的生长发育所需。牛对饲料养分的消耗，首先用于维持需要，之后多余的养分才被用于生长。因而，饲料中的营养水平越高，则牛摄食日粮中的营养物质用于生长发育所需的数量则越多，牛的生长发育越快。而饲料中营养不足，则导致牛生长发育速度减慢。饲料中的含脂率提高，将减少牛的日粮采食量；提高日粮的营养水平，则会增加饲养成本等。因此，在肉牛生产实践中，并不是饲养水平在任何情况下都越高越好，而是要从生产目的和经济效益两方面综合考虑。

（6）饲养管理　对牛生长发育有影响的管理因素很多，有些因素甚至影响程度很大。对肉牛生产有较大影响的因素主要有牛舍的清洁卫生、通风、采光、温度等。

54. 肉牛最佳育肥年龄和出栏时间如何确定？

（1）肉牛育肥年龄　肉牛一般在第一年增重速度最快，第二年增重仅为第一年增重的 70%，第三年增重为第二年的 50%。因此，根据肉牛的生长发育特点和市场需求，一般屠宰应在周岁半体重达 250 千克左右进行育肥为宜，但不宜过大，过大造成肉的品质下降，饲料转化率低，成本提高。

养殖户可根据不同目的，选择最佳育肥方法，确保养牛效益及牛肉品质的提高。不同年龄肉牛完成育肥消耗的总饲料量基本差不多，但是犊牛的饲料利用效率最高，一岁牛居中，二岁牛的最低。有条件的养殖场可采取犊牛育肥，一般养殖场可采取架子牛育肥肉牛，即 1.5~2.0 岁的牛进行育肥。

（2）肉牛出栏时间　犊牛一直到出栏都能保持较高的生长速

度，因此当市场价格低时，可以再喂一段时间，等待好的价格。1岁牛或2岁牛则不行，因为它们只在特定育肥阶段生长速度较快，超过这个阶段再继续饲养，生长速度就明显减慢，利润大幅度下降。

总之，在不同条件下，对育肥牛的年龄有不同的要求，要想提高育肥肉牛的效益，必须综合考虑，权衡利弊，才能获得最大的经济效益。

肉牛出栏时间的确定，除了考虑年龄因素外，可以通过采食量、肥度、体型外貌以及市场行情进行综合判断，确定适宜的出栏时间。

①采食量判断　肉牛对饲料的采食量与其体重相关。每日的绝对采食量，一般是随着育肥期时间的增加而降低。如果下降达到正常量的1/3或超过时，可以结束育肥。如果按活重计算，采食量（干物质）低于活重1.5％时，可认为达到育肥的最佳结束期。

②肥度指标数判断　肥度指数＝体重/体高×100。一般指数越大，肥度较好。当指数超过500或达到526时即可考虑结束育肥。

③从牛体型外貌判断　主要判断牛的几个主要部位的脂肪沉积程度。判断的部位有，皮下、颌下、胸垂部、肋腹部、腰部、坐骨端等部位。当皮下、胸垂部的脂肪量较多，肋腹部、坐骨端、腰部沉积的脂肪较厚时，即已达到育肥最佳结束期。

④市场判断　如果牛的育肥已有一段较长的时间，或接近预定的育肥结束期，而又赶上节假日牛肉旺销、价格较高，可果断结束育肥，可获取较好的经济效益。

55. 肉牛日常饲养管理措施包括哪些？

肉牛的一般饲养管理，主要包括"管、选、配、育、防"这五部分内容。

（1）管　即科学的饲养管理方法　根据肉牛不同生长阶段的生理特点，采取合理的技术管理措施，进行科学的饲养管理。

（2）选　即优化牛群结构　通过存优去劣，逐年及时淘汰老牛及生产性能差的，多次选择，分类分段培育，坚持因时（时间）、因市（市场情况）制宜，循序渐进的原则，使牛群结构不断优化，经济效益不断提高。

（3）配　即选配和配种方式　就是通过对公、母牛配偶个体的合理选择，采用科学的配种方式，实现以优配优、全配满怀的目的。既可充分有效地利用优种牛，又能人为控制产犊季节、配种频率。也可采用同期发情等发情控制技术，使母牛适时集中发情，在较短时间内配种，受胎率、受配率较高，使适龄母羊全配满怀，同时也提犊牛质量。

（4）育　即对犊牛的培育措施　在母牛妊娠后期及哺乳前，给予合理的补饲，同时搞好饮水、补盐和棚舍卫生。补料根据各地牧草及季节情况，酌情考虑。

（5）防　即预防疾病　除进行常规的疫苗接种外，每年春、秋两季用驱虫药进行驱虫。同时，在活动场所、圈舍门口撒以草木灰等消毒，对异常或发病牛进行隔离治疗，以降低发病率。

56. **怎样培育犊牛？**

犊牛是指由出生到 6 月龄的牛。搞好犊牛的培育，首先必须了解犊牛的生理特点，以便采取相应措施，保证犊牛培育的质量。

（1）犊牛的特点

①犊牛对外界环境的适应性　初生的犊牛由母体内生活环境转变为外界自然环境下生活；气体交换的形式、营养物质的摄取、代谢产物的排除均有重大改变；加之组织器官发育不全，对

外界环境的适应能力较差，缺乏免疫力；皮肤的保温机能较差；神经系统的反应性不足；不良的外界环境常引起犊牛发病和死亡。所以，必须加强初生牛犊的护理和饲养。

②犊牛的消化器官和消化机能　初生牛犊消化器官发育不健全，前胃均未发育完全，容积小，机能不完全，主要依靠皱胃和小肠进行消化。初生牛犊生后 1~2 周几乎不进行反刍，一般第 3 周出现反刍。

初生牛犊的消化道内有足够的乳糖酶和凝乳酶，可很好地消化乳糖和乳蛋白质，随着日龄的增长（8 日龄），胰脂肪酶达到一定水平，可很好地利用牛奶和其他动植物代用品中的脂肪。初生牛犊的消化道内缺少淀粉酶和麦芽糖酶，几乎没有蔗糖酶，对淀粉和蔗糖的消化很差，但 2 周后，则乳糖酶活性降低，而淀粉酶和麦芽糖酶活性逐渐升高。凝乳酶的活力也逐渐被胃蛋白酶代替。

鉴于以上原因，初生牛犊出生后几周内，应以奶为主，逐渐加喂植物性饲料。哺乳期中的犊牛，由靠奶作为主要营养来源逐渐转变为用植物性饲料来替代。随着饲料的转变，前胃很快发育，容积增大，机能逐渐完善，能大量利用植物性饲料。

③犊牛的生长　新陈代谢旺盛，生长迅速。但随年龄的增长，生长速度逐渐变慢。

（2）犊牛的饲养

①哺乳　肉用犊牛一般采用保姆牛哺育法。即犊牛出生后一直跟随母牛哺乳、采食和放牧。这种方法的特点是易于管理，节省劳动力，且因犊牛跟随母牛，能即时哺乳，有利于犊牛的健康生长。保姆牛哺育法的哺乳期一般在 4 个月以上，最多不超过 6~7 个月。

为了充分利用母牛的泌乳潜力，一头产犊母牛也可同时哺育 2~3 头犊牛，还有将犊牛哺乳期控制在 3 个月左右，然后再带一批犊牛。第二批的犊牛经过 3 个月左右的哺喂，生长性能与母亲直接哺喂的相似。

初生牛犊出生后 0.5～1.0 小时内吃上初乳。当乳头过大或乳房过低时，要人工辅助犊牛吃初乳。在犊牛吃奶期间，应注意不要损伤哺乳母牛的乳房或造成乳房炎，必要时可以在最初 2 天内人工挤奶，保证供应母牛充足的饮水。

②补料　犊牛出生后对营养物质的需要量不断增加，而母牛的产奶量两个月以后就开始下降，为了使犊牛达到正常生长量，就必须进行补饲。

为了促进犊牛的生长发育，需要尽早让犊牛采食牧草和其他饲料。一些肉牛场在犊牛出生的第 7 天，就让它们接触优质干草，第 14 天开始接触开食料。犊牛开食料中不应添加尿素类非蛋白氮，随着牛的生长可逐渐添加，但不应高于精料量的 1%～2%，且需与精料混合饲喂。在 3～4 周龄时，可以给犊牛喂料，在第一个 5 天内，每天每头犊牛只能喂 100 克料，犊牛吃剩下的料给母牛吃，每次都要给犊牛换新料。经过 5～7 天人工饲喂后，就可能让犊牛自己吃料。一旦犊牛学会吃料，饲槽内就要始终保持有料，供犊牛采食。在第一个月内，采食量约为每天每头0.45 千克。到第五个月结束时，采食量可达到 3.6 千克。从 1月龄到断奶，犊牛的补料量平均每天每头 1.4 千克最合适，这个量正好能补充牛奶营养的不足，使犊牛的骨骼和肌肉正常生长。如果超过这个数量，会使犊牛过肥，不经济。

③犊牛的饲料变换　犊牛饲料类型的更换不要太快，不然可能会造成消化不良、瘤胃酸度过高和采食量下降，最终造成日增重下降。更换饲料的时间一般以 4～5 天为宜，更换的比例不超过 10%。

57. 生长牛的饲养管理要点是什么？

（1）生长牛的饲养特点　生长牛是指从断奶到育肥前的牛，

一般饲喂到体重250～300千克，然后进入育肥场育肥。

生长牛对粗饲料的利用效率较高，主要是保证骨骼发育正常。生长牛的饲养一般是犊牛断奶后以粗饲料为主，达到一定体重后进行育肥。生长牛饲养要以降低成本为主要目标，因为生长牛增重越慢，育肥时增重越快，这叫补偿生长。所以，生长牛饲养不要以生长速度高为目标，日增重维持在0.4～0.6千克即可。

（2）饲养生长牛应注意的问题

①能量和蛋白质　根据生长牛的营养需要特点，可以用中等质量的粗饲料或青贮料满足其能量需要量（能量水平过高，则增长主要是脂肪，也会影响牛的补偿生长）。

生长牛的蛋白质需要量应该用精料补充料或优质豆科牧草来满足。例如，一头体重225千克的生长牛，可以用0.45千克含14%粗蛋白质的补充料或1.5千克苜蓿满足其一半的蛋白质需要量，另一半则由粗饲料提供。若按全价日粮计算，当生长牛的日增重在0.7千克以下时，日粮蛋白质含量为10.5%；当日增重在0.7千克以上时，日粮蛋白质含量为11.0%。

②无机盐和维生素　无机盐和维生素对生长牛的发育很重要。对以喂粗饲料为主的生长牛，应注意钙、磷平衡。体重225千克以下的生长牛，饲粮的钙含量为0.3%～0.5%，磷含量为0.2%～0.4%，体重225千克以上的生长牛，饲粮的钙含量为0.25%，磷含量为0.15%。秋季断奶犊牛的维生素A贮存最很少，故而断奶后应给每头生长牛瘤胃内或肌内注射50万～100万国际单位维生素A。

③生长牛放牧饲养应注意补充食盐　最好是自由舔食盐砖，或按100千克体重5～10克供应。

总之，生长牛的日增重不应低于0.35～0.45千克，否则会形成"僵牛"，使牛骨骼的生长发育停滞。如果只喂粗饲料或青贮时，生长牛的日增重低于0.45千克，表明粗饲料或青贮的质量太低，应该补充精饲料（表2）。

表 2　体重 182 千克的生长牛的日粮配方

饲料名称	配方 1	配方 2	配方 3	配方 4	配方 5	配方 6
混合干草	5.4~8.2		3.6~5.4		0.9~1.8	
禾本科干草		5.4~8.2	1.8~2.7			
秸秆						0.9~1.4
玉米青贮				11.4~18.1	9.1~13.6	
牧草青贮						9.1~11.4
蛋白补充料		0.6~0.7	0.1~0.5	0.5~0.6	0.3~0.5	0.5~0.7

58.　**繁殖母牛营养需要的关键问题包括哪些?**

受胎率和犊牛断奶重是肉牛业成功与否的两个最重要因素,繁殖母牛的生产性能在整个肉牛业中占有重要地位。因此,繁殖母牛合理的营养供应十分重要。

(1) 繁殖母牛的营养需要特点　繁殖母牛的营养需要包括维持、生长 (未成年母牛)、繁殖和泌乳的需要。这些需要可以用粗饲料和青贮饲料满足。

繁殖母牛的营养需要受母牛个体、产奶量、年龄和气候的影响。其中,母牛个体的影响最大。母牛个体越大,生出的犊牛也越大。母牛体重每增加 1 千克,犊牛断奶重就增加 0.5~7 千克。大型母牛对饲料的需要量高,饲养母牛的牛场应该注意考虑大犊牛的价格是否能超过母牛多吃饲料的成本,大犊牛出生时能否造成难产,从而确定合理的选择。

(2) 繁殖母牛营养需要的关键问题

①对繁殖母牛,应该牢记能量是比蛋白质更重要的限制因子。

②缺乏磷对繁殖率 (卵巢静止,影响繁殖) 有不良影响。

③补充维生素 A,可以提高青年母牛的繁殖率。

④产犊前后 100 天的饲料、饲养状况。

这一阶段饲料及其饲养，除对犊牛成活率有影响外，对母牛的发情率和受胎率也起决定作用。母牛产犊成活率主要受犊牛出生前 30 天和出生后 70 天营养状况的影响，这 100 天是母牛－犊牛生产体系中最关键的时期。产犊后，由于母牛产奶增加，对饲料的需要大幅度增加。因此，哺乳期母牛的营养需要量要比妊娠期高 50％，否则会导致母牛体重下降，不能发情或受孕。

59. 如何利用不同饲料饲养母牛？

母牛群的饲养要保证两点：一是维持中等体况，不影响产犊；二是要降低饲养成本。充分利用草地与农作物秸秆资源是发展母牛群的可行方法。

（1）利用青粗饲料饲养母牛

①优质的青草　只需对生长母牛、妊娠 6 个月以上的母牛补喂精料，每天 0.5～1.0 千克，带犊母牛 1.0～1.5 千克。

②秸秆饲料　体重 500 千克的母牛每天能采食 11～12 千克适口性好的玉米秸，对玉米芯的采食量更多。玉米秸和玉米芯能满足妊娠母牛的能量需要，但是蛋白质、磷和维生素 A 稍微不足。因此，玉米秸是母牛从妊娠到产犊前 30 天最经济的饲料，每天每头牛需要补饲精料的量为青草的 1.3 倍。如果搭配 1/3～1/2 的优质豆科牧草，可按青草的标准补饲。以麦秸为主，精料补饲量为青草的 1.5～2.0 倍。

饲喂玉米秸时必须补磷，对泌乳牛还要补充钙。建议补饲的钙磷比为：妊娠牛为 2∶1，产奶牛为 1∶1。

母牛产奶前每天每头对维生素 A 的需要量为 27 毫克，产犊后为每天每头 39 毫克。补充维生素 A 有两种方法，①将维生素 A 添加在饲料中，②肌内注射。

（2）利用草地饲养母牛　利用草地放牧母牛，不仅劳动力消耗少，而且成本低，无需设备和建筑投资。但是在营养上有明显缺陷，主要表现在以下几个方面：

①能量　初春的牧草含水量高，秋季的牧草纤维含量高，冬季的牧草质量差，这些因素都有可能使草场上的牛群的能量供应不足，导致母牛体重下降，不发情，受胎率低，犊牛成活率低。因此，对在初春、秋季和冬季放牧的母牛，要补充能量。

②蛋白质　牧草成熟后的蛋白质含量低于 3%。因此，需要补充蛋白质饲料。为了降低成本，补充的蛋白质质量只要满足维持需要量即可，每天每头约需 0.9 千克精料。

③无机盐　应该常年给母牛补充食盐，每头放牧母牛每年约需 11.4 千克。放牧母牛常常缺磷，严重缺磷会导致厌食和生长停滞，不发情，甚至死亡。这主要是因为冬季牧草磷的含量减少 49%~83%，增加磷的供给量会使产犊增重 24 千克。应该保持磷的常年均衡供应，而不仅仅是冬天补饲。在缺硒地区，给妊娠母牛补硒能使犊牛断奶重增加 22 千克，给 2~3 月龄的犊牛注射硒和维生素 E 可使犊牛的断奶重增加 33.6 千克。

④维生素　母牛妊娠期间缺乏维生素 A 会导致流产、弱胎或死胎，使母牛不能受孕。而冬季劣质牧草几乎不含胡萝卜素。因此，必须另外补充，在阳光照射不足的地区，也要考虑补充维生素 D。

总的来讲，以干物质为基础，妊娠母牛每天的饲料量如下：瘦母牛，占体重的 2.25%；中等体况的母牛，占体重的 2%；体况好的母牛，占体重的 1.75%。母牛哺乳期间对饲料的需要量应该相应增加 50%。因此，哺乳母牛和非哺乳母牛应该分开饲养，这样既能满足哺乳母牛的营养需要，也可防止非哺乳母牛采食过量，浪费饲料。初生牛犊的身体物质组成水占 75%，蛋白质占 20%，灰分占 5%。一头 35 千克的犊牛只有 8 千克的干物质。因此，只要不处于哺乳期，妊娠母牛的营养负担并不重，饲喂粗饲料最为经济。

60. 母牛空怀期饲养管理应注意哪些问题?

(1) 空怀母牛在配种前应具有中上等膘情,过瘦过肥往往影响繁殖 在日常饲养实践中,倘若喂给过多精料而又运动不足,易使母牛过肥,造成不发情。同样,若满足不了营养需要、母牛瘦弱的情况下,也会造成母牛不发情而影响正常的繁殖。如果在母牛的前一个哺乳期中按照其营养需要配制日粮,管理合理,就能提高母牛的受胎率。对于膘情差的母牛在配种前的 1~2 个月加强营养,提高营养水平,也能提高受胎率。

(2) 发情的母牛要及时进行配种,防止漏配和失配 对育成母牛应加强管理,防止乱配和早配。经产母牛产犊后 3 周要注意其发情的情况,发现发情不正常或不发情的母牛并及时采取相应的措施。

一般母牛产后 1~3 个情期,发情排卵比较正常。错过产后多次发情期,则母牛情期受胎率必然越来越低。遇到这些情况时,应及时进行直肠检查,慎重处理。

母牛不孕症的原因,可以分为先天性和后天性两个方面。

先天性不孕一般是由于母牛生殖器官异常,如子宫颈位置不正、阴道狭窄、幼稚型等。一般来说,先天性不孕所占比例较低,在牛的育种工作中要通过不断淘汰有害基因的携带者来减少先天性不孕的发生。

后天性不孕主要是由于营养缺乏、饲养管理不当及生殖器官疾病等原因所引起。应首先搞清楚发生的原因,再根据不同的情况加以处理解决。成年母牛因饲养管理不当而造成不孕的情况,在恢复正常营养水平后,大多能够自愈。而在犊牛阶段由于营养不良以致生长发育受损,进而造成生殖器官生长发育不良、不孕,则很难用改善饲养管理的方法来补救。如果育成母牛长期营养不足,则往往导致初情期推迟,初产易出现产死胎等现象,影响以后的繁殖力。

（3）注意母牛的运动和光照，保证日粮的营养成分尤其是微量元素和维生素的供给，是增强母牛体质，提高繁殖机能的重要措施。

（4）改善牛舍环境条件　如果牛舍内通风不良，空气污浊，空气中有害气体含量超标，夏季闷热、冬春季寒冷，相对湿度过大等恶劣的环境条件，都易危害牛体健康。敏感的母牛很快会停止发情。因此，改善管理条件也是提高繁殖机能的重要措施。

总之，搞好饲养管理是提高在群母牛繁殖机能的最重要的措施。

61. 母牛妊娠期饲养管理应注意哪些问题？

妊娠母牛不仅要满足本身维持和生长发育（育成母牛）的营养需要，还要满足胎儿生长发育的营养需要，同时还要为产后泌乳贮备必要的营养。

（1）妊娠母牛的饲养

①妊娠前期饲养　妊娠前期是指从受胎到妊娠 6 个月之间的时期，此时期是胎儿各组织器官发生、形成的阶段，胚胎的发育很快，但生长速度缓慢，故对营养的需要较少，一般按空怀母牛进行饲养。但这并不意味着妊娠前期可以忽视营养物质的供给。

此期要求较高的质量，即注意保证全价性，禁喂棉籽饼、菜籽饼、酒精糟等饲料。也不能饲喂变质、腐败、冰冻的饲料，以免引起早期胚胎死亡。

放牧情况下，母牛在妊娠前期，青草季节尽量延长放牧时间，一般可不补饲，枯草季节应根据牧草质量和牛的营养需要确定补饲草料的种类和数量。如果牛长期吃不到青草，维生素 A 易缺乏，可用胡萝卜或维生素 A 添加剂来补充，冬季每天每头喂 0.5～1.0 千克胡萝卜就可保证维生素 A 不缺乏。

②妊娠后期饲养　母牛妊娠后期，胎儿的生长发育速度逐渐加快，到分娩前达到最高，妊娠最后 3 个月，其增重即占胎儿总重量的 75％以上，需要母体供给大量营养，精饲料补饲量应逐渐加大。同时，母体也需要贮存一定的营养物质，使母牛有一定的妊娠期增重。

一般在母牛分娩前，至少要增重 45～70 千克，以保证产后的产奶量和正常发情。妊娠后期的母牛行动不便，放牧易发生意外，所以应以舍饲为主。舍饲以青粗饲料为主，参照饲养标准、合理搭配精饲料。以秸秆为主时，最好搭配 1/3～1/2 的优质豆科牧草。妊娠后期的母牛，每昼夜的饲喂次数要由妊娠前期的 3 次增加到 4 次，每次喂量不可过多，以免压迫胸腔和腹腔，影响胎儿的生长。

母牛应自由饮水，水温应在 12～14℃，严禁饮过冷的水。

（2）妊娠母牛的管理

①母牛妊娠后，应做好保胎工作，预防流产或早产　妊娠牛要与其他牛只分开，单独组群饲养。无论舍饲或放牧，都要防止相互挤撞，滑倒，猛跑，转弯过急，放牧应在较平坦的草地。

对孕牛保胎要做到"六不"：一不混群饲养；二不打，不打冷鞭，不打头、腹部；三不吃，不吃霜、冻、霉烂变质草料；四不饮，不饮冷水、冰水，大汗不饮水，饥饿不饮水；五不赶，吃饱饮足之后不赶，使役不强赶，天气不好不急赶，路滑难走不驱赶，快到牛舍不快赶；六不用，刚配种后不用，临产前不用，产后不用，过饱不用，过饥不用，有病不用。

②对舍饲牛，要保证有充分采食青粗饲料的时间，饮水、光照和运动也要充足　每天需自由活动 3～4 小时，或驱赶运动 1～2 小时。适当的运动和光照可以增强牛体质，增进食欲，保证正常发情，预防胎衣不下、难产和肢蹄疾病，有利于维生素 D 的合成。

③每天梳刮牛体一次，保持牛体清洁。每年修蹄1~2次，保持肢蹄姿势正常，修蹄应在妊娠前期进行。

④母牛分娩前1~2天，出现"塌胯"现象，对舍饲牛，即应转入产房，专人护理，注意观察，保证安全产犊。

母牛的妊娠期平均为285天，变动范围在270~290天，预产期的推算方法为月减3、日加6，或月加9、日加6。母牛临产前出现阵痛，表现为不安，时起时卧，回头望腹，这时就要做好接产准备。初产母牛难产率较高，特别是用国外纯种肉牛配种时，须及时做好助产工作。

62. 母牛哺乳期饲养管理应注意哪些问题？

母牛分娩前1个月和产后70天，这是非常关键的100天，饲养得好坏，对母牛的分娩、泌乳、产后发情、配种受胎、犊牛的初生重和断奶重、犊牛的健康和生长发育都十分重要。

在此阶段，能量、蛋白质、矿物质和维生素的需要量均增加。缺乏这些矿物质，会引起犊牛生长停滞、下痢、肺炎和佝偻病等，严重时会损害母牛的健康。

（1）舍饲哺乳母牛的饲养管理

①母牛分娩后2周内　体质仍然较弱，生理机能较差，产道尚未复原。因此，饲养管理上应以恢复体质为主，不能使役。饲料应以适口性好、易消化吸收、有软便作用的优质青干草为主，让母牛自由采食。产后3天内，一般饮用豆饼或麸皮水较好，3天以后，补充少量混合精料，逐渐增至正常。在产后1周内，每天应饮温水。

②母牛分娩2周后　母牛身体机能已基本恢复正常，泌乳量开始逐渐上升，饲料喂量应随产奶量的增加逐渐增加，饲料要保证种类多样，粗饲料质量要好，特别注意蛋白质的含量和品质，日粮中粗蛋白含量不能低于10%，同时供给充足的钙、磷、微

量元素和维生素。一般混合精料补饲量为 2～3 千克，主要根据粗饲料的品质和母牛膘情确定。并大量饲喂青绿、多汁饲料，以保证泌乳需要和母牛产后及时正常发情。母牛产后 15 天可轻度使役，30 天后可正常运动。

③母牛分娩 3 个月后　泌乳量开始逐渐下降，妊娠母牛正处于妊娠早期，饲养上可逐步减少混合精料喂量，并通过加强运动、刷拭牛体、足量饮水等措施，避免产奶量急剧下降。对舍饲母牛，青粗饲料应少给勤添，饲喂次序采用先粗后精的饲喂方式。

（2）放牧带犊母牛的饲养管理　有放牧条件的，应以放牧为主饲养哺乳母牛，放牧期间的充足运动和光照及牧草中所含的丰富营养，可促进牛体的新陈代谢，改善繁殖性能，提高泌乳量，增强母牛和犊牛的健康。青绿饲料中含有丰富的蛋白质、维生素、酶等物质，经过放牧，牛体内血液中血红素的含量增加，机体内胡萝卜素和维生素 D 的贮备也增加，提高了牛的抗病力。

放牧带犊母牛应尽可能安排近牧，并根据放牧距离和牧草情况，在夜间牛舍内进行适当的补饲。放牧饲养应注意放牧地一般不要超过 3 千米。若需建立临时牛舍时应避开水道、悬崖边、低洼地和坡下等处；放牧地不能距离水源太远，要注意清除放牧地中的有毒植物，尤其是在春季青草刚刚返青时．有毒植物的毒性较大，所以春季放牧提倡迟牧。若回牛舍后不补饲，则放牧牛应定期补充食盐。

对放牧母牛，应尽量采用季节性产犊，最好早春产犊，这时正好牧草返青，既可保证母牛的产奶量，犊牛跟随母牛放牧，提前采食青草，又有利于犊牛生长发育。

放牧母牛的饲养要根据草场质量和母牛膘情，确定夜间补饲粗饲料和精料的种类和数量。无论舍饲，还是放牧，都要保证充足的饮水，成年母牛日耗水约 50 千克。

63. 架子牛育肥注意事项包括哪些？

架子牛的育肥注意事项，主要包括以下内容。

（1）架子牛的选择　架子牛大多来自草原和由农户散养的、未经育肥的牛，集中在育肥场快速育肥。架子牛按年龄分为 1 岁牛、2 岁牛、3 岁牛。

架子牛的选择要点：

①注意选择身体健康、被毛光亮、精神状态良好的架子牛，年龄应在 1 岁半左右　这一阶段的牛生长发育潜力较大，生长速度快，饲料利用率高，1 岁半以下育肥需要的时间较长，而超过 2.5 岁生长速度缓慢。

②注意选择杂交牛，并使牛的毛色尽量一致，以提高牛的群体质量　在可能的条件下，还应了解原来牛的饲料及饲养方式等。杂交牛如西门塔尔、夏洛来、海福特或利木赞等纯种牛与本地牛的杂交后代与当地牛相比，生长速度和饲料利用率要高 5％以上。

③选择公牛　公牛的生长速度和饲料利用率高于阉牛，阉牛高于母牛。

（2）架子牛的常规饲养管理

①减少架子牛应激反应

A. 新架子牛运输前肌内注射维生素 A，维生素 D，维生素 E 和 1 克土霉素。

B. 在架子牛运输过程中，冬天要注意保温，夏天要注意遮阳，做到勤添料和饮水。

C. 架子牛要驱虫后单独饲养。新到架子牛应在干净、干燥的地方休息。

D. 架子牛要尽快适应育肥饲料。由于饲养环境和饲料的改变，饲喂时要由少到多，逐渐增加。待牛适应后，根据架子牛的年龄、体重和品种分组（表3）。

架子牛适应育肥饲料的方法，若任其自由采食长干草（或玉米青贮）时，第一天到第五天每天每头牛喂2千克精料，其中1千克蛋白质饲料，1千克能量饲料，自由饮水。第六天后，每天每头牛增加0.5千克能量饲料，直到每100千克体重喂1千克精料为止。若饲喂精料和粗料的混合日粮时，应采取表3方法。

表3　架子牛育肥饲料饲养方法

天数	饲料类型	粗饲料比例（％）
1	干草	100
2～4	干草、精料	90
5～14	粗饲料、精料	70
15～21	粗饲料、精料	60
22至出栏	粗饲料、精料	40

②在架子牛到达育肥场后，进行个体称重，并编号记录　育肥1个月后再次称重，尽快淘汰不增重或有病的牛。

③育肥舍饲牛一般每天饲喂两次，这样有利于工作安排和管理　青粗饲料均自由采食，精料限量供应，饲养水平应由低到高。同时，保证育肥牛的饮水充分。

④育肥牛的防暑降温　炎热季节，肉牛育肥要做好防暑降温工作，如将牛拴系在树荫下或四面通风的棚子下，以防阳光的直接照射。让牛自由饮用清凉的水，适当增加饲喂次数或连续饲喂，可减少牛的产热。日粮要选择优质粗料如青绿饲料、青干草或青贮玉米等，部分粗料可在凉爽的晚上饲喂。

冬季肉牛饲养应注意保温。低温使牛对饲料的利用率下降，日增重减少。应尽量减少风、雪对肉牛的影响，注意改善牛舍的保温效果。条件许可时，冬季最好用温水喂肉牛，饮水温度以20～25℃比较适宜。

⑤肉牛育肥环境要安静、卫生，每天刷拭牛体。

（3）及时出栏或屠宰　肉牛超过 500 千克后，虽然采食量增加，但增重速度明显减慢，继续饲养不会增加收益，要及时出栏。牛的年龄越大，肉质就越差，饲料的利用率也就越低。一般情况下，肉牛应在 2 岁出栏，最好不要超过 2.5 岁。

64. 架子牛快速育肥方法有哪些?

目前，架子牛快速育肥主要采用阶段饲养与草地育肥的方法。

（1）阶段饲养　一般架子牛快速育肥需要 120 天左右，可以分为 3 个阶段。第 1 天到第 15 天，为适应期，第 16 天到第 60 天为生长期，第 61 天到第 120 天为提高期。在育肥初期限制饲养，育肥后期自由采食。这种方法能使饲料效率提高 5%。

①适应期　过渡期约 15 天。对刚买进的架子牛，一定要驱虫，包括驱除体内外寄生虫、育肥饲料的适应。

在隔离饲养期进行观察、驱虫、健胃等工作。观察每头牛的精神状态、采食情况和粪尿情况，如发现问题应及时处理或治疗。进场后 3～4 天，要用 0.3% 过氧乙酸消毒液对牛体逐头进行 1 次消毒。进场后 5 天，对所有牛进行驱虫，用阿维菌素每 100 千克体重 2 毫克，左旋咪唑每 100 千克体重 0.8 克，1 次投服，服药前根据每头实际重量分别计算用药量，称量要准确。对患有牛疥癣的牛，可以注射 1% 伊维菌素按 33 千克体重注射 1 毫升。进场后第 7 天，用健胃散（中药）对所有的牛进行健胃，250 千克以下体重每头牛灌服 250 克，250 千克以上体重灌服 500 克。

健胃后的牛开始按育肥期饲料供给，精饲料喂量由少到多，逐渐达到规定喂量。实施过渡阶段饲养，即首先让刚进场的牛自由采食粗饲料，粗饲料不要铡得太短，长约 5 厘米。上槽后仍以粗饲料为主，可铡成 1 厘米左右。每天每头牛控制喂 0.5 千克精料，与粗饲料拌匀后饲喂。精料量逐渐增加到 2 千克，尽快完成过渡期。精、粗比为 3∶7 或 4∶6。

②生长期（16～60 天） 这时架子牛的干物质采食量要逐步达到 8 千克，日粮粗蛋白质水平为 11%，精、粗比为 6∶4，日增重 1.3 千克左右。

精料配方：70% 玉米粉，20% 棉仁饼，10% 麦麸。每头牛每天 20 克盐、50 克添加剂。

③提高期（61～120 天） 这一时期，架子牛干物质采食量达到 10 千克，日粮粗蛋白质水平为 10%，精粗比为 7∶3，日增重 1.5 千克左右。

精料配方为：85% 玉米粉、10% 棉仁饼、5% 麦麸，30 克盐、50 克添加剂。肉牛育肥期间，混合精料供给量一般为体重的 1%。

（2）草地育肥 草地放牧育肥肉牛可降低饲料成本 30%，劳动力消耗少，无需处理粪便污染，更无需牛舍建筑，可以充分利用土地资源，降低饲养成本。但草地放牧育肥是有季节限制的，只能在春季和秋季之间育肥，冬季无草地供育肥牛采食，并且放牧质量难以控制，易造成营养不平衡。夏季育肥受气温影响大，牛容易缺水，而缺水的牛会降低生长速度。

①草地育肥的类型 根据上述特点以及各处草地的实际情况，可把草地育肥肉牛分为几个体系：单纯牧草育肥不补充精料；补充有限的精料；在放牧期结束后，将肉牛转移到育肥场用精料育肥 60～120 天。

②草地育肥肉牛的原则

A. 冬季要限量饲喂 一般冬季架子牛的日增重不应超过 0.4 千克，使肉牛夏季在草地上放牧能达到最大生长量。

B. 春季不要放牧过早 因为初春牧草含水量高，含能量低。

C. 在放牧结束后补饲，效果最好 不要在一开始放牧时就给肉牛补充精料。

③放牧　现代大型肉牛生产，犊牛断奶后至育肥前，多采用放牧饲养方式，即使在小型肉牛场，也主要采取饲喂青、粗饲料为主的饲养方式。

放牧育肥，能充分利用自然资源，节省饲料，在放牧育肥的后期，必要时也可以作短期舍饲补料，以促进增重，提早出栏。

为了保证草地育肥效果，应注意两方面的问题：

A. 合理利用草地资源，提高草地的利用率　将牧地分为若干小区，进行轮流放牧。小区的数目和一次轮牧的持续时间，要根据青草生长情况而定。一般是以保证牛行到足够的牧草，而又不致草地被践踏过度为原则。为管理方便，应将公母牛分群放牧。在放牧时要注意供给充足的饮水和补喂食盐，每头成年牛日给 30～50 克。

提高草场的载畜量，可将草场加以改良，即将天然草场上的杂草和毒草除去，使有较大的空间让有用的牧草生长。在此同时，补种较好的牧草或播上牧草种子，并适当施肥，这样经几个年后，便会长出较好的牧草，从而使草场的载畜量得到提高。

另外，也可建立人工草场。将草场上原有的野草除去，人工混播豆科和和本科牧草，同时适当施磷肥，这样既能促进豆科牧草的生长，也有助于禾本科牧草的生长，可以"以磷促氮，以氮长草，以草换肉"。

载畜量是指单位草原面积上所放牧家畜头数和放牧时间，通常用头日来表示。

载畜量＝总产草量×可食率/每头每日采食量×放牧日数

可食率＝实际采食草量/总草量×100

总产草量＝放牧地面积×每亩产草量

B. 注意草地季节性特点，合理进行饲养管理　牛放牧饲养的目的，在于充分利用自然资源，以草换肉，以草换奶。牧草在生长及其所含的营养成分，有其季节性的变化，春季牧草复苏，水分多，蛋白质含量较高，粗纤维含量较低。夏季，牧草蛋白质、无氮浸出物等的含量都较高。秋末，牧草的营养含量有所下降，尤其是到了冬季，牧草的粗纤维含量大大增加，蛋白质含量则明显地下降。所以，在冬季单靠放牧饲养，无论是采食量和所得营养，均不能满足牛的需要。因此，采用全年放牧而不补料的饲养方式，是极不经济的。最好在初秋青草开花季节，牧草营养分值尚高的时候，收割晒干，制成青干草，或制成青贮料，或贮备一定量的其他草料，以便在枯草期补喂，使牛群正常生长和长膘。

④补饲精料　无论采取何种方式饲养育肥前期的牛，通常要补充精料。

典型精料的营养成分为：粗蛋白 14％，粗纤维 13％，钙 0.10％，磷 1.00％，钠 0.15％。还可加入瘤胃素 55 毫克/千克。精料饲喂量通常为体重的 1.0％~1.5％（表7－3），可根据粗饲料营养状况增减。放牧牛精料的营养成分应略高。另外，需要供给矿物元素，如矿物质添砖等（表4）。

表4　育肥牛配合料的饲喂量

体重/千克	每头每天配合料用量/千克
100~179	1.00
180~225	1.65
226~325	2.05
326~425	2.95
425 以上	3.90

65. 怎样根据牛类型进行育肥？

不同类型的牛进行育肥，由于其遗传因素等影响，导致牛饲料转化效率、生长速度、育肥性能不同。在生产上，应依据育肥牛源的不同，采取相应措施，保证育肥效果。

（1）牛品种和育肥技术 牛品种按生产性能可分为肉用牛品种、役用牛品种、乳用牛品种、肉乳兼用品种、肉役兼用品种、肉乳役多用品种等。

由于品种不同，在育肥期采用的技术也有差异。如肉用品种牛的增重速度高于役用品种牛。因此，在制定饲料配方和日采食量等方面不能完全一样。

（2）牛体型和育肥技术 牛体型可分为大型品种牛、中型品种牛及小型品种牛。

对不同体型的牛，在育肥期应有不同的育肥方法。如最佳育肥结束期体重，体型之间差别就很大。

（3）牛体成熟和育肥技术 牛体成熟可分为早熟型和晚熟型。早熟型牛的体重为 400～500 千克，晚熟型牛的体重为600～700 千克。

由于牛体成熟时间的差异，在育肥中应采用不同的育肥技术。如早熟型品种牛较适合直线育肥法，而晚熟型品种较适合分阶段育肥法。

（4）纯种牛和杂交牛 有效的杂交组合产生的杂交牛，因其具备高于双亲生活能力的杂交优势，所以其生产能力要高于纯种牛（亲本）。同样的饲料饲喂量，杂交牛的日增重要高于其亲本。因此，在编制育肥牛饲料配方、确定饲料饲喂量等方面，要考虑到纯种牛和杂交牛的不同。

66. 不同年龄的牛育肥有哪些特点？

不同年龄的牛进行育肥，由于生长特点的不同，育肥技术也存在差异。

（1）育成牛育肥 一般公牛 1～2 岁，母牛 1.5～2.0 岁，体重 250～300 千克开始育肥，育肥期 200～300 天，平均日增重 0.7～0.8 千克，出栏重 450～500 千克。该牛育肥期间，正是肌肉和脂肪快速生长发育阶段，强化育肥与身体生长发育同步，因此育肥牛的肉质好，价值高。

在育肥技术上，可根据具体情况选择以精饲料为主育肥方式、前粗后精育肥方式。

（2）成牛育肥　公牛 2～3 岁，母牛 3～5 岁，体重 350～400 千克开始育肥；育肥期 150～180 天；平均日增重 1.0～1.1 千克，出栏重 550～600 千克。该育肥牛体格发育已经结束，只是经过短期育肥，增加肌肉和脂肪的重量。

成年牛育肥前，一般采取以粗饲料为主的低营养饲养。因此，育肥期可发挥代偿生长的优势，提高增重速度。成年牛育肥有增重速度快、饲料转化率高的特点。

成年牛育肥技术，可根据具体情况选择前粗后精育肥方式、中后期饲养方案、以粗料为主育肥方式、后期饲养方案。

（3）犊牛育肥　断奶犊牛体重为 200～250 千克开始育肥，育肥期 330～360 天，出栏重 500～600 千克，平均日增重 0.8 千克。犊牛育肥出栏快、肉质好，但育肥期长，育肥成本高。

这种育肥方式，可以根据具体情况选择以精料为主、前粗后精的粗料为主的育肥方式中的任何一种方案。

（4）老龄淘汰牛育肥　一般年龄 8 岁以上、体重 350 千克以上开始育肥，育肥 100 天左右，出栏重 450 千克以上，平均日增重 1.0 千克。该育肥牛虽然肉质差，但增重一般较快。老龄淘汰牛经育肥可在提高其经济价值。

在育肥技术上，可选择前粗后精育肥方式的后期育肥方案。

67. 如何进行犊牛育肥？

犊牛育肥包括小牛肉生产和常规犊牛育肥两种方式。

（1）小牛肉生产　小白牛肉生产，指犊牛生后5～6个月内，用较多的牛奶或代乳粉饲喂犊牛，生产小牛肉。因犊牛年幼，其肉质细嫩，肉色全白或稍带浅粉色，味道鲜美并带有乳香气味，故称之为"小白牛肉"，其价格高出一般牛肉8～10倍。在牛奶生产过剩的国家，常采用廉价的牛奶生产这种牛肉。在我国进行"小白牛肉"生产，可满足高档饭店、宾馆对此的需要，是一项具有广阔发展前景的产业。

①犊牛的来源　优良的肉用品种、兼用品种、乳用品种或与我国地方黄牛的杂交牛均可作为生产"小白牛肉"的犊牛的来源，在我国可以乳用公牛作为主要来源。一般应选择初生重不低于35千克、健康状况良好的初生公犊，在体形外貌上的要求是头方大、蹄大、管围较大的公犊。

②犊牛的饲养　由于犊牛采食了植物性饲料后，肉的颜色会变暗，消费者不欢迎。为此，犊牛育肥不能直接喂精饲料和粗饲料，而应以乳或代乳料饲喂。

代乳料的配方要求模拟牛奶的营养成分，特别是氨基酸的组成。能量的供给也必须适应犊牛的消化特点。代乳粉营养水平为：蛋白质不低于22%，脂肪不低于15%，碳水化合物约48%，维生素和矿物质约1%。

饲喂代乳料时，要稀释到牛奶的状态。将代乳粉用温水混合均匀，粉与水的比例为1：7～8，并逐渐过渡到1：4左右。代乳料的温度在1～2周龄时为38℃，以后可降低为30～35℃。必须指出的是，犊牛出生后必须吃足初乳，以增强机体的免疫力并尽快排除胎粪。饲喂全牛奶时，要加喂油脂以增加牛奶的能量。为了更好地消化脂肪，可先将牛奶均质化后再饲喂犊牛。犊牛的育肥，一般平均日增重为1.2千克左右，每千克体重消耗代乳粉1.4～1.6千克。

犊牛牛饲喂到1.5～2月龄，体重达到90千克时即可屠宰。如果犊牛的生长发育较好，可进一步饲喂到3～4月龄，体重达到 170 千克再屠宰也可。但屠宰时超过 5 个月以上，牛奶或代乳料已不能满足犊牛长发育和育肥的需要，需要补充精料。此时的精料应是高能、高蛋白且易消化的。另外，还要注意此时的精料中不能额外添加铁和铜，以使其肉质保持贫血状态，成为名副其实的"小白牛肉"。

③犊牛的管理 早期的犊牛，尤其是 4 周龄以内的犊牛，要严格按照定时、定量、定温的制度执行。保证牛奶和母牛乳头的卫生，对于乳用公牛最好采用带有奶嘴的奶壶来喂奶，以提高牛奶的利用率并防止消化不良及痢疾等病的发生。

犊牛一般单栏舍饲，不运动。

（2）犊牛育肥 一般所指犊牛育肥是指用较多的牛奶及精料饲养犊牛，当犊牛 7~8 月龄时体重达 250 千克左右即出栏。

①犊牛选择 犊牛选择应为肉用、乳用、兼用品种或杂交后代、体重不少于 35 千克的初生牛犊，最好是公犊。

②犊牛育肥的方法 初生期应保证初乳供应，每天喂量 1~2 千克；4 周龄前，按体重的 10%~12%供应牛奶；10 周龄开始按体重的 8%~9%供应牛奶，每天进食量为 6~8 千克，草料自由采食，精料逐渐增加。

犊牛育肥应注意防寒降暑，饮水卫生，多晒太阳。为了防止消化道及呼吸道疾病，在牛奶中可添加抗生素。

犊牛育肥配方：玉米 60%，油饼类 18%~20%，糠麸类 13%~15%，植物油脂类 3%，骨粉 2.5%，食盐 1.5%。

68. 淘汰牛的育肥应注意哪些问题？

（1）淘汰牛育肥的特点 淘汰牛主要指淘汰的成年奶牛、肉用母牛和役用牛等。育肥的目的是为了提高这些牛的肉质，增加屠宰率和牛肉的产量。由于这些牛大多已过了快速生长期，过度的长时间育肥可使其体内大量沉积脂肪。所以，育肥期往往较短，一般为 2～3 个月。

（2）育肥的方法　淘汰牛育肥通常是舍饲并限制运动，供应优质的干草、青草、经处理的秸秆或糟渣类饲料，并喂给一定量的精料。这样，经短期饲养，牛的增重加快，肌肉间脂肪沉积增加，牛的屠宰率提高，牛肉的嫩度改善。在有条件的牧场，淘汰牛的育肥也可采用放牧饲养的方法，如果牧草质量好，有时可不补充精料，这样可以节约牛的育肥成本。

我国规模最大的河北三河福成养牛公司快速育肥方法主要采用高精料进行育肥。粗饲料主要为秸秆、酒糟（按 1∶2 混用），精饲料为玉米粉、棉籽饼和矿物质添加剂（按 5∶3∶2 配合）。催肥期 1～20 天，精饲料达 45%，粗蛋白质保持 12%；21～50 天，精饲料达 60%～70%，粗蛋白质保持 10%；51～90 天，精饲料达 80%，日增重可达 2.1 千克左右。

（3）淘汰牛育肥注意事项

①饲料加工

A. 精饲料　玉米不可粉碎得太细（大于 1.0 毫米），否则影响适口性和采食量，使消化率降低。高粱必须粉碎细到 1.0 毫米，才能达到较高的利用率。

B. 粗饲料　不应粉得过细，以 5～10 毫米为最佳，否则呈面粉状，沉积瘤胃内，影响反刍和饲料消化率。容易引起瘤胃积食等疾病。

②工业副产品的利用　我国啤酒糟、酒糟、淀粉渣、豆腐渣、糖渣和酱油渣的产量每年约 3000 万吨，这些资源喂猪和鸡效果不好，但对肉牛育肥则是宝贵的饲料资源。这些饲料的缺点是营养不平衡，单独饲喂时效果不好，容易造成肉牛生病。如果结合添加剂使用，就能够代替日粮内 90% 的精饲料，日增重仍可达到 1.5 千克。

用法和用量如下：啤酒糟，每天每头牛喂 15～20 千克，加150 克小苏打、100 克尿素、50 克肉牛添加剂；酒糟，每天每头牛喂 10～15 千克，加 150 克小苏打、100 克尿素、50 克肉牛添加剂；淀粉渣、豆腐渣、糖渣、酱油渣，每天每头牛喂 10～15 千克，加 150 克小苏打、100 克尿素、50 克肉牛添加剂。

（3）典型日粮配方　青贮玉米是育肥牛的优质饲料，饲喂青贮饲料时，在较低精料水平下就能达到较高的日增重。但随着精料喂量逐渐增加，青贮玉米的采食量逐渐下降。玉米青贮按干物质的 2% 添加尿素饲喂能获得很好的效果。

以青贮玉米为主的肉牛育肥料配方：青贮玉米（湿）80.8%，玉米 17.1%，棉籽饼 2.1%。青贮玉米育肥肉牛的效果见表 5。

表 5　精料水平与青贮玉米采食量的关系

项　目	处理 1	处理 2	处理 3	处理 4
精料水平（千克/日）	1.00	1.25	2.15	3.04
青贮玉米（湿，千克/日）	25	23	20	17
日增重（千克）	1.19	1.29	1.31	1.34

酒糟的粗蛋白降解率低，单纯饲喂酒糟时容易导致瘤胃内可降解氮不足，使粗纤维消化率下降。因此，在酒糟日粮中加入一定比例的尿素会取得较好效果。

以酒糟为主的饲料配方为：玉米 1.5 千克，鲜酒糟 15 千克，谷草 2.5 千克，尿素 70 克，食盐 50 克。

七、肉牛场建筑设计与管理

69. 如何选择牛场场址？

牛场是影响牛生长发育和生产性能最主要、最直接的环境因素之一。因此，搞好牛场的建设，是提高养牛业生产和经济效益的非常重要的措施。而要搞好牛场的建设，首先就要选好场址。

（1）选址原则

①符合牛的生物学特点、有利于保持牛体健康。

②有利于牛生产潜力的充分发挥。

③有利于充分利用当地自然资源。

④有利于环境保护。

（2）选址要求

①位置选择　牛场是生产单位，在生产过程中产生的废弃物会对环境造成污染。在选择牛场的位置时，必须考虑到尽可能减少牛场对人类和其他动物造成的污染，避免人畜共患病的交叉传播。

为此，牛场应选择在居民点的下风向，海拔高度不得高于居民点，位于径流的下方，距离居民点和其他养殖场不少于 1 000 米，距离畜产品加工厂不少于 1 000 米。

为避免牛场与居民点、其他养殖场及畜产品加工厂之间的相互干扰，建立树林隔离区是非常有利的。

交通方便是牛场与外界进行物资交流的必要条件。但在距离公路、铁路过近时，交通工具所产生的噪声会影响牛的休息与消化，人流、物流也易传播疾病。所以，牛场应距离交通干线不少于 200 米，一般交通线 100 米，以便防疫。

②地形、地势的选择　牛场应建设在地势高燥、背风、阳光充足的地方。这样的地形、地势可防潮湿，有利于排水，有利于牛的生长发育和生产，也有利于防止疾病的发生。

地下水位应在 2 米以下。这样的地势，可以避免雨季洪水的威胁，减轻地面毛细现象造成的地面潮湿。

在丘陵山地建场，应选择向阳坡，坡度不超过 20°，总坡度应与水流方向相同，避开悬崖、山顶、雷击区等他。

③土壤的选择　土壤分为沙土、黏土和沙壤土。

沙土的特性是透气，吸湿性差，透水能力强，易导热，热容量小，毛细管作用弱。故易保持干燥，不利于细菌繁殖。但昼夜温差大，不利于牛体温的调节。

黏土的特性是透气、吸湿性好，吸水能力强、不易导热，热容量大，毛细管作用明显。此类土壤的牛舍和运动场内潮湿、泥泞，不利于牛体健康。但昼夜温差小，有利于牛体温的调节。

沙壤土的特性介于沙土和黏土之间，透气透水性强、毛细管作用弱、吸湿性小、导热性小，使牛场较干燥、地温较恒定，是牛场较理想的土壤。牛场的沙壤土也必须符合国家规定的土壤环境质量标准。

④水源的选择　养牛场要求水源充足，取用方便。每 100 头存栏牛每天需水约 30 吨，水质应符合国家规定的动物饮用水水质标准的规定。此外，在选择时，要调查当地是否因水质不良而出现过某些地方疾病等；便于防护，以保证水源水质处于良好状态，不受周围的污染；取用方便，设备投资少。

⑤资源条件选择　粗饲料资源丰富，牛场半径 5 千米内的粗饲料资源及原有草食动物的存养量决定牛场的规模。电力要充足可靠，必须符合国家工业与民用供电系统设计规范标准的要求。

⑥其他条件的选择　水保护区、旅游区、自然保护区、环境污染严重区、动物疫病常发区和山谷洼地等洪涝威胁地段，不得建场。

70. 肉牛场的规划布局有哪些要求？

肉牛场规划原则要求建筑紧凑，在节约土地、满足当前生产需要的同时，综合考虑将来扩建和改造的可能性。

规模化肉牛场应具备消毒室、消毒池、人工授精操作室和兽医室、育肥牛舍、产房、犊牛舍、母牛舍、观察牛舍、隔离牛舍、饲料间、青贮池、氨化池、贮粪场、粪污处理设施、装牛台、车库、办公室、宿舍等设施。总体规划面积，按每头牛 $60\sim$ 80 米^2 计算。

这些设施依据其功能分区进行布局，全场共形成 3 个功能区：生活管理区、生产区与隔离区。

根据全年的主风向和地形、地势，将管理区和生活区放在上风向及地势较高处；粪污处理场和病畜舍，则放在最下风向和地势最低处；生产区位于中间。

牛舍建筑其长轴方向为东西向，牛舍朝向南或南偏东 15°以内。各功能区界线分明，联系方便。功能区间距不少于 50 米、并有防疫隔离带或墙。

（1）生活管理区 设在场区常年主导风向上风向及地势较高处。主要包括生活设施、办公设施、与外界接触密切的生产辅助设施，设主大门。

（2）生产区 设在场区中部。主要包括牛舍与有关生产辅助设施。

（3）隔离区 设在场区下风向或侧风向及地势较低处。主要包括兽医室、隔离牛舍、贮粪场、装卸牛台和污水池。兽医室、隔离牛舍应设在距最近牛舍 100 米以外的地方，设有后门。

（4）饲料库和饲料加工车间 设在生产区、生活区之间，应方便车辆运输。草场设置在生产区的侧向。草场内建有青贮窖池、草垛等，有专用通道通向场外，草垛距房舍 50 米以上。牛舍一侧设饲料调制间和更衣室。

（5）专用道路　场内道路分净道和污道，两者严格分开，不得交叉、混用。净道路面宽度不小于 3.5 米，转弯半径不小于 8 米。道路上空净高 4 米内没有障碍物。

（6）配套定型产品　肉牛场一般采用分阶段饲养工艺。其设施要求应满足肉牛生产的技术要求，经济实用，便于清洗消毒，安全卫生，选用性能可靠的配套定型产品。主要包括精粗饲料加工、运输、供水、排水、粪尿处理、环保、消防、消毒等设施。

71. 牛舍建筑形式应如何选择？

牛舍建筑形式：

①单列式　典型的单列式牛舍，有三面围墙和房顶盖瓦，敞开面与休息场及舍外拴牛处相通。舍内有走廊、食槽与牛床，喂料时牛头朝里。这种形式的房舍可以低矮些，且适于冬、春较冷，风较大的地区。房舍造价低廉，但占用土地多。

②双列式　双列式牛舍有头对头与尾对尾两种形式。

头对头式：中央为运料通道，两侧为食槽，两侧牛槽可同时上草料，便于饲喂。牛采食时，两列牛头相对，不会互相干扰。

尾对尾式：中央通道较宽，用于清扫排泄物。两侧有喂料的走道和食槽。牛成双列背向。双列式牛棚可四周为墙或只有两面墙。四周有墙的牛舍保温性能好，但房舍建筑费用高。由于肉牛多拴养，牵牛到室外休息场比较费力，可在长的两面墙上多开门。多数牛场使用只修两面墙的双列式，这两面墙随地区冬季风向而定。一般为牛舍长的两面没有围墙，便于清扫和牵牛进出。冬季寒冷时，可用玉米秸秆编成篱笆墙来挡风，这种牛舍成本低些。

③散养　散养的主要建筑物是围栏和周围放置的食槽。围栏用木材或圆钢建成，高 1.5 米，围成一定范围，邻近运送饲料通

道的一侧建食槽。每栏的面积取决于养牛头数，也可建部分遮阴篷。这种建筑节省投资和饲养的人力。

72. 牛舍建筑材料应如何选择？

建筑材料的选择：

①牛舍地面材料　牛舍是牛采食或下雨、下雪天休息过夜的场所。其地面可用水泥或部分水泥材料，也可直接用土地。

②休息场地材料　牛采食后，晴天主要在棚外休息，让牛活动，晒太阳。地面以沙质土为最好，一方面牛卧下舒适暖和，另一方面排出的尿易下渗，粪便容易干燥，这样有利于保持牛体清洁。此外，也有用砖砌的地面，或用沙、石灰、泥土三合一分层夯实的土地，都适合牛卧地休息。

③食槽材料　在牛舍内，食槽使用频繁，通常用砖砌加水泥涂抹，成本低，但容易破损，只要注意及时维修，是一种经济实用的材料。若从坚固耐用考虑，可选用混凝土预制构件。无论哪种材料，工艺上都要求食槽内壁呈流线型，以便清扫。

④其他建筑用材料　依当地自然和资源条件而定，牛舍主要有两种类型：即砖木结构，如牛舍用砖柱和木材顶梁；钢铁结构，如工字钢立柱与角铁构件的顶梁。

73. 不同类型牛舍主要建筑技术要求有哪些？

常见的肉牛舍有拴系式牛舍和散放式牛舍两种。

（1）拴系式牛舍　每头牛都有固定的牛床，用颈枷拴住牛只，除运动外，饲喂、刷拭及休息均在牛舍内。这种牛舍管理细致，肉牛有较好的休息环境和采食位置，相互干扰小。但操作烦琐费力，劳动生产率较低。

拴系式牛舍又分为单列式双列式两种类型。牛舍内部设施主要有牛床、饲槽、走道、粪尿沟等。

①牛床　牛床一般长 1.45～1.8 米，宽 1.10～1.25 米。牛床应有适当的坡度，以利冲洗和保持干燥，坡度常采用 1％～1.5％。

牛床的排列方式，视牛场规模和地形条件而定，分单列式、双列式和四列式等。牛群 20 头以下者，可采用单列式；20 头以上者多采用双列式。在双列式中，牛以对尾式比较理想，这是因为对尾式牛头向窗，有利于通风采光，传染疾病的机会少，清理粪便工作比较方便。但缺点是饲喂不便。

为了防止牛只相互侵占床地，可在牛床之间设置由弯曲钢管制成的隔栏。隔栏的长度约为牛床地面长度的 2/3，栏杆高 80 厘米，由前向后倾斜。

②饲槽　牛的饲槽位于牛床前，通常为固定式统槽，食槽净宽 60～80 厘米，前沿高 60～80 厘米，后沿要低些，具体高度视牛床长度而定。二栏之间还可设饮水器，一般每 2 头牛提供 1 个饮水器。

③走道　饲槽前设饲料通道，用作运送、分发饲料。人工操作的通道宽为 1.5 米，机械操作时为 3.6 米，通道常高出牛床地面 10～20 厘米。

④清粪通道　牛舍内应设清粪通道，宽度一般为 1.6～2.0 米，路面最好有大于 1％的拱度，高度一般低于牛床，路面要画线防止肉牛滑倒。

在牛床与清粪通道之间设有粪尿沟，通常为明沟，明沟宽一般为 30～40 厘米，沟深为 5～18 厘米，沟底应有 6％的排水坡度。

⑤运动场　在每栋牛舍的南面，应设有运动场。运动场场地以三合土或沙质土为宜，地面有 1.5％～2.5％的坡度，以利排水畅通。

运动场的用地面积按下列指标计算，繁殖母牛 15～20 米²/

头，育成牛 10～15 米²/头，犊牛 5～10 米²/头，运动场内应设有饲槽，饮水池和凉棚。

（2）散放式牛舍 近年在肉牛业发达国家已逐渐以散放式饲养取代拴系饲养。散放饲养便于实行工厂化生产，可大幅度提高劳动效率，且散放牛舍内部设备简单，造价低。

①散放式牛舍一般建有牛采食区、休息区。因气候条件不同，散栏式牛舍可分为房舍式、棚舍式和阴棚式三种。

②散放式牛舍通常设牛床，牛床总长 2.5 米，其中净长 1.7 米，前端长 0.8 米。为防止牛将粪便排在牛床上，可在牛床上方 1.2 米左右处安装调驯栏杆。牛床的隔栏由 2～4 根横杆组成，顶端横杆高一般为 1.2 米，底端横杆与牛床地面的间隔以 35～45 厘米为宜。

牛舍内走道的结构视清粪的方式而定。如采用机械刮粪，走道的宽应与机械宽相适应。如采用水力冲洗牛粪，则走道应采用漏缝地板。

74. 牛场专用设备有哪些？

牛场专用设备主要有用于保定的设备、卫生设备、保健及其他设备。

（1）保定设备

①保定架 保定架是牛场不可缺少的设备，于打针、灌药、编耳号及治疗时使用。

通常用圆钢材料制成，架的主体高 160 厘米，前颈枷支柱高 200 厘米，立柱部分埋入地下约 40 厘米，架长 150 厘米，宽 65～70 厘米。

②鼻环 我国农村为便于抓牛，尤其是未去势的公牛，有必要戴鼻环。鼻环有两种类型：一种为不锈钢材料制成，质量好又耐用，但价格较贵。另一种为铁或铜材料制成，质地较粗糙，材

料直径 4 毫米左右，价格较便宜。农村用铁丝自制的圈，易长锈，不结实，往往将牛鼻拉破引起感染。

③绳与笼头　采用围栏散养的方式可不用缰绳与笼头，但在拴系饲养条件下是不可缺少的。

缰绳通常系在鼻环上以便于牵牛，笼头套在牛的头上，是一种传统的物品。有了笼头，抓牛方便，而且牢靠。材料有麻绳、尼龙绳、棕绳及用破布条搓制而成的布绳，每根缰绳长 1.5～1.7 米。

（2）卫生设备　竹扫帚、铁锨、平锨、架子车或独轮车是牛场清扫粪便、垃圾必备物资。这些物品在饲料加工运送时同样需要，但必须分开使用。

牛刷子对肉牛来说很重要，在清洁牛体表面粪污的同时，可以清除皮毛下的寄生虫，促进血液循环，具有保健作用。牛刷子有棕毛的、铁丝的两种。

（3）保健及其他设备

①吸铁器　由于牛的采食行为是大口吞咽，若草中混杂有细铁丝、铁钉等杂物时容易误食，一旦吞入，无法排出，积累在瘤胃内对牛的健康造成伤害。

吸铁器分为两种：一种用于体外，即在草料传送带上安装磁力吸铁装置，清除草料中混杂的细小铁器。另一种用于体内，称为磁棒吸铁器。该设备由磁铁短棒、细尼龙绳、开口器、推进杆及指南针等组成。使用时，将磁铁短棒放入病牛口腔近咽喉部，灌水促使牛吞咽入瘤胃，随着瘤胃的蠕动，经过一定的时间，慢慢取出，瘤胃内混杂的细小铁器吸附在磁力棒上一并带出。经诊断怀疑腹内有异物的牛，均可利用此设备治疗。

②耳号牌　耳号牌是肉牛科学管理中必不可少的，除挂在耳壳上的号牌以外，也有挂在脖子上或笼头上的木牌、小铝牌，都有同样的作用，各地可就地取材。

工厂生产的牛耳号牌是近代科学技术的成果，用特殊塑料材料制成，配合专用油笔、专用耳号钳，将耳号牌与垫片牢固地连接在耳上。塑料材料与油笔中的油墨能耐受阳光照射和风雨侵蚀，不变脆、不褪色、不脱落。

75. 牛场污染应如何控制？

随着养牛业生产规模化、集约化的迅速发展，一方面为市场提供了大量物美价廉的奶和肉，另一方面养牛场也产生大量的粪、尿、污水、废弃物、甲烷、二氧化碳等，控制与处理不当，将造成对环境的污染。牛场污染能否得到有效控制也是关系着养牛业能否持续发展的关键因素之一。

目前，牛场污物处理的措施主要有土地还原法、厌气发酵法、人工湿地处理和生态工程处理。

（1）土地还原法　牛粪尿的主要成分是粗纤维以及蛋白质、糖类和脂肪类等物质，这些物质都易于在环境中分解，经土壤、水和大气等的物理、化学及生物的分解、稀释和扩散，逐渐得以净化，并通过微生物、动植物的同化和异化作用，又重新形成动植物性的糖类、蛋白质和脂肪等，也就是再度变为饲料。我国的国情决定了在今后相当长的时期里，特别是在农村，粪尿仍以无害化处理、还田为根本出路。

（2）厌气发酵法　将牛场粪尿进行厌气（甲烷）发酵法处理，不仅净化了环境，而且可以获得沼气（生物能源），同时通过发酵后的沼渣、沼液把种植业和养殖业有机地结合起来，形成一个多次利用、多次增值的生态系统。目前，世界上许多国家广泛采用此法处理牛场粪尿，我国也有一些大型养牛场采用厌气（甲烷）发酵法处理牛粪尿，取得了很好的生态效益。

（3）人工湿地处理　湿地是经过精心设计和建造的，湿地上种有多种水生植物。

投入水池的牛粪尿为水生植物提供了养分，而水生植物根系发达，为微生物提供了良好的生存场所；微生物以有机质为食物而生存，它们排泄的物质又成为水生植物的养料；收获的水生植物可作为沼气原料、肥料或草鱼等的饵料；水生动物及菌藻，随水流入鱼塘作为鱼的饵料，通过微生物与水生植物的共生互利作用，使河水得以净化。

据报道，高浓度有机粪水在水葫芦池中经 7～8 天吸收净化，有机物质可降低 82.2％，有效态氮降低 52.4％，速效磷降低 51.3％。该处理模式与其他粪污处理设施比较，具有投资少，维护保养简单的优点。

（4）生态工程处理　该系统首先通过分离器或沉淀池，将固体厩肥与液体厩肥分离。固体厩肥作为有机肥还田或作为食用菌的培养基，液体厩肥进入沼气厌氧发酵池。通过微生物-植物-动物-菌藻的多层生态净化系统，使污水得到净化。净化的水达到国家排放标准，可排到江河回归自然或直接回收利用进行冲刷牛舍等。

为了养牛业的健康、持续发展，必须高度重视牛场污染问题。解决牛场污染问题，应因地制宜，实事求是，根据当地具体情况，选择相应的治理措施。

八、牛病防治

76. 牛场保健与传染病的预防措施有哪些?

（1）牛场的保健　牛场保健工作的原则应该是防重于治。

牛场应制订切实可行的保健计划，牛的防疫注射、消毒及牛群的疾病监控、监测均属于保健的工作范围。

牛场保健工作主要有两个内容：

①翔实记录　特别是病历档案记录、兽医诊断记录、疾病的监控措施等。要制定常规的卫生防疫措施和疾病定期检查制度。

②疾病监控与处理　包括对传染病的预防和常发病的监控措施两个部分。特别是对于传染病，要拟定和执行定期预防接种和补种计划，并加强饲养管理，搞好卫生消毒工作，防止传播扩散，对牛要定期驱虫，对粪便进行无害化处理，对发病牛要及时隔离，尽早治疗病牛。

（2）牛的传染病预防　牛常见传染病有口蹄疫、结核病、布鲁氏菌病、牛流行热等。传染病的发生是由病原微生物、传播途径和易感动物（牛）三个环节组成，应紧紧围绕这三个环节，进行预防和控制。

主要做好下列几点工作：

①严格执行国家和地方政府制定的有关防疫卫生条例。

②养牛场门口或生产区出入口，应设有消毒池，池内保持有效消毒液，出入人员及车辆必须消毒。外来人员不得随意进入生产区，疫病流行期间非生产人员不得进入生产区。

③牛舍和放牧场每个季度大消毒一次，病牛舍、产房及隔离牛舍每天要进行消毒。

④外来牛只应持有法定单位的健康检疫证明，并经隔离观察和检疫，确无传染病时方可并群饲养。

⑤应按需要进行预防接种疫苗，疫苗种类、接种时间、剂量应根据免疫要求进行操作。

牧场要配合检疫部门，安排好每年两次全群牛的结核病及一次布鲁氏菌病的检疫。如怀疑是传染病，应及时隔离，尽快确诊，迅速报主管部门。并在上级兽医部门的指导下，作相应的扑杀处理或无害化处理。

77. 口膜炎的症状及其防治措施有哪些？

（1）发病原因　口膜炎从原因上可大致分为非传染性及传染性两大类别。

①非传染性口炎发病原因　因饲料粗硬，如吃食大麦芒、枯硬秸秆直接刺破口腔黏膜；投药时粗鲁，使用开口器不慎等机械性损伤；由于误饮了热水和采食冷冻的饲料等冷热刺激；因经口给予强酸或强碱等有刺激性药物；食入水银制剂、砷制剂等毒物；采食了腐败饲料、发霉饲料及有毒植物。

②传染性口炎发病原因　见于放线菌病、口蹄疫、牛黏膜病、坏死杆菌病、钩端螺旋体病、牛恶性卡他热、牛传染性鼻气管炎、病毒性腹泻等疾病。

（2）临床症状　由于口膜炎的原因不同，症状也不同。临床上分为卡他性、口疮性、水疱性、蜂窝织炎性、伪膜性、溃疡性及丘疹性等类型。无论是哪种口膜炎，其共同的临床症状都表现为流涎、食欲不振或采食缓慢、口腔恶臭，口腔黏膜潮红、增温、肿胀和疼痛。卡他性口膜炎这些症状最明显；口疮性口膜炎时，在口腔黏膜上患有白色或者灰白色呈小圆形的坏死病灶，其周边围着红色边缘；患水疱性口膜炎时，在口腔黏膜、舌部及嘴唇的内侧发生透明样的水疱，经 3～4 天水疱破溃后，出现暗红色的烂斑。在患口蹄疫时，水疱还发生于蹄冠、蹄踵、趾间及乳房并伴有热感，另外此病有非常强的传染性；患蜂窝织炎性口膜炎时，可见到嘴唇、上腭及呼吸道周围出现波动样肿胀，压迫后往往出现捻发音；患伪膜性口膜炎时，在口腔黏膜上患有干酪样，有点发白乃至带有灰黄色的伪膜，这种伪膜是由纤维素和坏死组织组成的；患溃疡性口膜炎时，在口腔黏膜上发生溃疡，并出现组织缺损；患丘疹性口膜炎时，在嘴唇的内侧及周围、舌部、全口腔内多发生呈黄白色稗籽粒大小的扁平的小结节，传染力非常强。

（3）预防与治疗

①由于非传染性原因而引起的口膜炎，最好的治疗方法是首先除去病因。在怀疑是传染性原因时，要迅速隔离病牛，要防止通过饮水器或饲槽等传染。要避免给予有刺激性的饲料和坚硬的饲料，应给予柔软饲料和清净饮水。

②在治疗过程中，要用 1% 盐水或明矾、2% 硼酸、0.1% 高锰酸钾等溶液消毒，冲洗口腔，溃疡面涂布碘甘油或龙胆紫。对严重病例，要全身给予抗生素，用胃导管补充水分，通过静脉补液。有继发症时，应重点早期治疗原发病。

78. 引起食道阻塞的因素及其防治措施有哪些？

食管阻塞，俗称"草噎"，是食管被食物或异物阻塞的一种严重食管疾病。按阻塞程度分为完全阻塞与不完全阻塞；按阻塞部位分为颈部食管阻塞、胸部食管阻塞、腹部食管阻塞。

（1）发病原因　原发性食管阻塞，通常发生于采食未切碎的萝卜、甘蓝、芜菁、甘薯、马铃薯、甜菜、苹果、西瓜皮、玉米穗、大块豆饼、花生饼等时，因咀嚼不充分，吞咽过急而引起，此外还由于误咽毛巾、破布、塑料薄膜、毛线球、木片或胎衣而发病。

继发性食管阻塞，常继发于食管狭窄或食管憩室、食管麻痹、食管炎等疾病。

（2）预防措施　加强饲养管理，定时饲喂，防止饥饿；过于饥饿的牛，应先喂草，后喂料，少喂勤添；饲喂块根、块茎饲料时，应切碎后再喂；豆饼、花生饼等饼粕类饲料，应经水泡制后，按量给予；堆放马铃薯、甘薯、胡萝卜、萝卜、苹果、梨的地方，不能让牛通过或放牧，防止骤然采食；施行全身麻醉者，在食管机能未复苏前，更应注意护理，以防发生食管阻塞。

（3）治疗方法　治疗原则是缓解疼痛，解除阻塞，疏通食管，消除炎症，加强护理和预防并发症。

咽后食管起始部阻塞时，装上开口器后，可用徒手取出。颈部与胸部食管阻塞时，应根据阻塞物的性状及其阻塞的程度，采取相应的治疗措施。

缓解疼痛及痉挛，润滑管腔。牛可用水合氯醛溶液灌肠，或静脉注射水合氯醛酒精注射液；也可皮下或肌内注射安乃近。此外尚可应用阿托品、山莨菪碱、氯丙嗪、甲苯噻嗪等药物。然后用植物油（或液体石蜡）50~100毫升、1‰普鲁卡因溶液10毫升，灌入食管。

解除阻塞，疏通食管。常用排除食管阻塞物的方法有挤压法、下送法、打气法、打水法、通噎法。在整个操作过程中都应小心进行，以免异物刺伤或过度撕伤食管壁。

药物疗法。先向食管内灌入植物油（或液体石蜡）100~200毫升，然后皮下注射3％盐酸毛果芸香碱3毫升，促进食管肌肉收缩和分泌，经3~4小时奏效。

手术疗法。当采取上述方法不见效时，应施行手术疗法。颈部食管阻塞，采用食管切开术。在牛可施行瘤胃切开术，通过贲门将阻塞物排除。

加强护理。暂停饲喂饲料和饮水，以免误咽而引起异物性肺炎。牛食管阻塞，当继发瘤胃臌气时，应及时施行瘤胃穿刺放气，并向瘤胃内注入防腐消毒剂。病程较长者，应注意消炎、强心、输糖补液或营养液灌肠，维持机体营养，增进治疗效果。排除阻塞物后 1～3 天内，应使用抗菌药物，防治食管炎，并给予流质饲料或柔软易消化的饲料。

79. 引起瘤胃积食的因素及其防治措施有哪些？

瘤胃积食又称急性瘤胃扩张，是反刍动物贪食大量粗纤维饲料或容易臌胀的饲料引起瘤胃扩张，瘤胃容积增大，内容物停滞和阻塞以及整个前胃机能障碍，形成脱水和毒血症的一种严重疾病。

（1）发病原因　瘤胃积食主要是由于贪食大量富含粗纤维的饲料，如豆秸、山芋藤、老苜蓿、花生蔓、紫云英、谷草、稻草、麦秸、甘薯蔓等，缺乏饮水，难于消化所致。过食麸皮，棉籽饼、酒糟、豆渣等，也能引起瘤胃积食。

长期舍饲的牛运动不足，当突然变换可口的饲料，常常造成采食过多，或者由放牧转舍饲，采食难于消化的干枯饲料而发病。耕牛常因采食后立即犁田、耙地或使役后立即饲喂，影响消化功能，引起本病的发生。

当饲养管理和环境卫生条件不良时，肉牛容易受到各种不利因素的刺激和影响，如过度紧张、运动不足、过于肥胖或因中毒与感染等，产生应激反应，也能引起瘤胃积食。此外在前胃弛缓、创伤性网胃腹膜炎、瓣胃秘结以及皱胃阻塞等病程中，也常常继发瘤胃积食。

（2）预防措施　加强饲养管理，防止突然变换饲料或过食；肉牛按日粮标准饲喂；耕牛不要劳役过度；避免外界各种不良因素的影响和刺激。

（3）治疗方法　治疗原则是增强瘤胃蠕动机能，促进瘤胃内容物排出，调整与改善瘤胃内生物学环境，防止脱水与自体中毒。

一般病例，首先绝食，并进行瘤胃按摩，每次 5～10 分钟，每隔 30 分钟一次。也可先灌服酵母粉（或神曲、食母生、红糖），再按摩瘤胃。为防止发酵过盛，产酸过多，可服用适量的人工盐。

消肠消导，牛可用硫酸镁（或硫酸钠）300～500克，液体石蜡（或植物油）500～1000毫升，鱼石脂15～20克，酒精50～100毫升，常水6～10升，一次内服。应用泻剂后，可皮下注射毛果芸香碱或新斯的明，以兴奋前胃神经，促进瘤胃内容物运转与排除。

改善中枢神经系统调节功能，促进反刍，防止自体中毒，可先用1％温食盐水洗涤瘤胃后，用10％氯化钙注射液、10％氯化钠注射液、20％安钠咖注射液，静脉注射。

对病程长的病例，除反复洗胃外，宜用5％葡萄糖生理盐水注射液、20％安钠咖注射液，5％维生素C注射液，静脉注射，每日2次，达到强心补液，维护肝脏功能，促进新陈代谢，防止脱水的目的。

当血液碱贮下降，酸碱平衡失调时，先用适量碳酸氢钠内服，每日2次。再静脉注射5％碳酸氢钠注射液或11.2％乳酸钠注射液。另如果因反复使用碱性药物而出现呼吸急促，全身抽搐等碱中毒症状时，宜内服适量稀盐酸或食醋。

在病程中，为了抑制乳酸的产生，应及时内服青霉素或土霉素，间隔12小时，投药一次。继发瘤胃臌气时，应及时穿刺放气，并内服鱼石脂等制酵剂，以缓解病情。

对危重病例，当认为使用药物治疗效果不佳，且病牛体况尚好时，应及早施行瘤胃切开术，取出内容物，并用1％温食盐水冲洗。必要时，接种健牛瘤胃液。

80. 引起瘤胃臌气的因素及其防治措施有哪些？

瘤胃臌气是因前胃神经反应性降低，收缩力减弱，采食了容易发酵的饲料，在瘤胃内微生物的作用下，异常发酵，产生大量气体，引起瘤胃和网胃急剧膨胀，膈与胸腔脏器受到压迫，呼吸与血液循环障碍，发生窒息现象的一种疾病。本病在长江以南地区多发生于春、夏季节，在长江以北地区则以夏季草原上放牧的牛多见。

（1）发病原因　瘤胃臌气按病因分为原发性和继发性臌气；按病的性质为分泡沫性和非泡沫性臌气。

原发性瘤胃臌气是由于反刍动物直接饱食容易发酵的饲草、饲料后而引起。继发性瘤胃臌气常继发于前胃弛缓、创伤性网胃炎、瓣胃阻塞、食管阻塞、食管痉挛等疾病。

泡沫性瘤胃臌气是由于反刍动物采食了大量含蛋白质、皂苷、果胶等物质的豆科牧草，如新鲜的豌豆蔓叶、苕子蔓叶、花生蔓叶、苜蓿、草木樨、红三叶、紫云英生成稳定的泡沫所致，或者喂饲较多量的谷物性饲料，如玉米粉、小麦粉等也能引起泡沫性臌气。非泡沫性瘤胃臌气又称游离气体性瘤胃臌气，主要是采食了产生一般性气体的牧草，如幼嫩多汁的青草、沼泽地区的水草、湖滩的芦苗等或采食堆积发热的青草、霉败饲草、品质不良的青贮饲料，或者经雨淋、水浸渍、霜冻的饲料等而引起。

（2）预防措施　本病的预防要着重搞好饲养管理。

由舍饲转为放牧时，最初几天在出牧前先喂一些干草后再出牧，并且还应限制放牧时间及采食量；在饲喂易发酵的青绿饲料时，应先饲喂干草，然后再饲喂青绿饲料；尽量少喂堆积发酵或被雨露浸湿的青草；管理好牛群，不让牛进入到苕子地、苜蓿地暴食幼嫩多汁豆科植物；不到雨后或有露水、下霜的草地上放牧。舍饲育肥动物，应该在全价日粮中至少含有 $10\%\sim15\%$ 的铡短的粗料，粗料最好是禾谷类稿秆或青干草；应避免饲喂用磨细的谷物制作的饲料。

（3）治疗方法　治疗原则是排除气体、理气消胀、强心补液、健胃消导、恢复瘤胃蠕动。

病情轻的病例，使病牛立于斜坡上，保持前高后低姿势，不断牵引其舌或在木棒上涂煤油或菜油后给病牛衔在口内，同时按摩瘤胃，促进气体排出。若通过上述处理，效果不显著时，可用水送服松节油、鱼石脂、酒精，或者适量内服8%氧化镁溶液或生石灰水上清液，具有止酵消胀作用。

严重病例，当有窒息危险时，首先应实行胃管放气或用套管针穿刺放气（间歇性放气），防止窒息。非泡沫性膨气，放气后，为防止内容物发酵，宜用通过穿刺针将防腐止酵药注入瘤胃，如鱼石脂、酒精溶液，或生石灰水、8%氧化镁溶液。此外在放气后，用适量0.25%普鲁卡因溶液将一定量的青霉素稀释，注入瘤胃，效果更好。

泡沫性膨气，以灭沫消胀为目的，宜内服表面活性药物，如二甲硅油（消胀片）。也可内服适量松节油、液体石蜡、常水，或者用植物油制成油乳剂，一次内服。当药物治疗效果不显著时，应立即施行瘤胃切开术，取出其内容物。

此外，调节瘤胃内容物pH，可用3%碳酸氢钠溶液洗涤瘤胃。排除胃内容物，可用盐类或油类泻剂。兴奋副交感神经、促进瘤胃蠕动，有利于反刍和嗳气，可皮下注射毛果芸香碱或新斯的明。在治疗过程中，应注意全身机能状态、及时强心补液，增进治疗效果。

接种瘤胃液，在排除瘤胃气体或瘤胃手术后，采取健康牛的瘤胃液3~6升进行接种。

因慢性瘤胃膨气多为继发性瘤胃膨气，除上述疗法、缓解症状外，还必须治疗原发病。

81. 引起氢氰酸中毒的原因及防治措施有哪些？

（1）发病原因 幼嫩的玉米苗、高粱苗，尤其是二茬苗中含有较多的氰苷配糖体。牛吃了这类饲料后，氰苷配糖体会在体内迅速水解，生成剧毒的氢氰酸，将会使牛中毒或死亡。

（2）预防措施　加强饲养管理，避免人为因素引发中毒。因春、秋两季玉米幼苗和再生苗正处旺季，要严禁牛只进入玉米田间放牧，以免牛采食幼苗或再生苗而引起中毒。如果必须喂幼嫩的玉米苗、高粱苗时，应事先晒干后再喂牛。不用二茬鲜玉米苗、高粱苗作牛饲料。

（3）治疗方法

①消除病因，排出毒素。症状轻微病牛用0.01％高锰酸钾洗胃，每头每次3000～4000毫升，之后再用盐类泻药硫酸镁或硫酸钠300～500克，加水适量（5000～6000毫升）灌服。

②静脉放血1000～2000毫升，随即注射10％葡萄糖液2000～2500毫升。

③用特异疗法治疗。重症牛首选1％亚硝酸钠每千克体重15～25毫升，硫代硫酸钠注射液每千克体重1.25毫克可减半注射1次。亚硝酸钠能使部分血红蛋白变成高铁血红蛋白，能夺取已与细胞色素氧化酶结合的氰，使该酶恢复活力，生成无毒的氰化高铁血红蛋白。但如此又能逐渐解离而释放出氰。因此，必须注射硫代硫酸钠，在肝内使氰转变为无毒的硫氰化合物而由尿排出。

④无亚硝酸钠时，也可用美蓝按每千克体重10～20毫克静注，而后再注射5％～10％硫代硫酸钠液200～250毫升，疗效较亚硝酸钠差。

⑤用40％～50％葡萄糖溶液500毫升，25％～50％维生素C40～100毫克，樟脑磺酸钠10～20毫克一次静脉注射。便于使葡萄糖与氢氰酸结合成无毒的腈类。

⑥肌内注射20％安钠咖20毫升。

⑦0.1％高锰酸钾溶液洗胃或灌服1000毫升。

82. 引起亚硝酸盐中毒的原因及防治措施有哪些？

亚硝酸盐中毒是肉牛摄入过量含有硝酸盐或亚硝酸盐的植物

或水，引起高铁血红蛋白血症；临床上表现为呼吸困难、皮肤、黏膜发绀及其他缺氧症状。

（1）发病原因

①富含硝酸盐的饲料，经日晒雨淋、堆垛存放而发热或腐败变质，以及用温水浸泡、文火焖煮或长久加盖保温时，饲料中硝酸盐均易转化为亚硝酸盐。

②喂给肉牛大量富含硝酸盐的饲料时，而日粮中糖类饲料不足，饲料中硝酸盐亦易被还原成亚硝酸盐。

③饮用硝酸盐含量高的水（施氮肥地的田水，厩舍、厕所、垃圾堆附近的地面水）等。

④硝酸盐肥料、工业用硝酸盐（混凝土速凝剂）或硝酸盐药物等与食盐酷似，被误混入饲料或误食。

⑤人为投毒。

（2）预防措施

①确实改善青绿饲料的堆放和蒸煮过程。实践证明，无论生、熟青绿饲料，采用摊开敞放是一个预防亚硝酸盐中毒的有效措施。

②接近收割的青饲料不能再施用硝酸盐等化肥农药，以避免增高其中硝酸盐或亚硝酸盐的含量。

③对可疑饲料、饮水，实行临用前的简易化验。

（3）治疗方法 特效解毒剂是美蓝（亚甲蓝）。牛的标准剂量是每千克体重 8 毫克，制成 1% 溶液静脉注射。

美蓝属氧化还原剂，低浓度小剂量时，经辅酶Ⅰ的作用变成白色美蓝，把高铁血红蛋白还原为低铁血红蛋白。但高浓度大剂量时，辅酶Ⅰ不足以使之变为白色美蓝，过多的美蓝则发挥氧化作用，使氧合血红蛋白变为变性血红蛋白，可使病情恶化。

甲苯胺蓝治疗高铁血红蛋白症较美蓝更好，还原变性血红蛋白的速度比美蓝快 37%。按每千克体重 5 毫克制成 5% 的溶液，静脉注射，也可作肌内或腹腔注射。大剂量维生素 C 牛 3～5

克，静脉注射，疗效确实，但奏效速度不及美蓝。

83. 如何防治尿素中毒？

尿素是动物体内蛋白质分解的终末产物，在农业上广泛用做肥料。自从用作反刍动物的蛋白质饲料来源以来，由于各种原因，引起肉牛尿素中毒所造成的事故不断发生。

（1）发病原因

①将尿素堆放在饲料的近旁，导致发生误用（如误认为食盐）或被动物偷吃。

②尿素饲料使用不当。如将尿素溶解成水溶液喂给时，易发生中毒。饲喂尿素时，若不经过逐渐增加用量，初次就按定量喂给，也易发生中毒。此外，不严格控制定量饲喂，或对添加的尿素未均匀搅拌等，都能造成中毒。尿素的饲用量，应控制在全部饲料总干物质量的 1% 以下，或精饲料的 3% 以下，成年牛每天以 200~300 克为宜。

③个别情况下，牛因偷吃大量人尿而发生急性中毒。人尿中含有尿素约在 3% 左右，故可能与尿素的毒性作用有一定的关系。

④制作氨化饲料尿素使用量过大，或尿素与农作物秸秆未混合均匀，从而引起饲喂的肉牛尿素中毒。

⑤饲喂尿素（或氨化饲料）的同时饲喂大豆饼、蚕豆、瘤胃中释放氨的速度可增加。这是由于大豆饼与蚕豆中的脲酶能促进尿素分解成氨。短时间形成大量的氨，经瘤胃壁吸收进入血液、肝脏，血液氨浓度增高，发生中毒。

⑥肉牛饮水不足，体温升高，肝机能障碍，瘤胃 pH 增高，以及处于应激状态等，也可增加其对尿素的敏感性而易中毒。

（2）预防措施　必须严格饲料保管制度，不能将尿素肥料同饲料混杂堆放，以免误用。在牛舍内尤其应避免放置尿素肥料，以免肉牛偷吃。

饲用尿素饲料的牛群，要控制尿素的用量及同其他饲料的配合比例。而且在饲用混合日粮前，必须先经仔细地搅拌均匀，以避免因采食不匀，引起中毒事故。为提高补饲尿素的效果，尤其要严禁溶在水中喂给。有条件的单位，可将尿素与过氯酸铵配合使用，或改用尿素的磷酸盐供补饲用，以利安全。

（3）治疗方法　早期可灌服大量的食醋或稀醋酸等弱酸类，以抑制瘤胃中脲酶的活力，并中和尿素的分解产物氨。成年牛灌服 1‰醋酸溶液 1 升，糖 0.5～1 千克和水 1 升。此外，可用硫代硫酸钠溶液静脉注射，作为解毒剂，同时对症应用葡萄糖酸钙溶液、高渗葡萄糖溶液、水合氯醛以及瘤胃制酵剂等，可提高疗效。

84. **牛黑斑病甘薯中毒的症状及其防治措施有哪些**？

牛黑斑病甘薯中毒，是由于牛食入大量的黑斑病甘薯或患黑斑病的薯秧苗而引起的。特征是消化障碍和呼吸困难，急性肺水肿及间质性肺气肿，后期出现皮下气肿。典型症状是出血性胃肠炎和气喘，故又称牛喘气病。

（1）发病原因　甘薯收获后保管不当，如表皮擦伤，甘薯入窖后，窖内温度过高，甘薯腐烂，致使霉菌侵害。霉烂的甘薯表面呈暗褐色或黑色斑点状、斑块状，并有苦味。霉菌能产生毒素，这些毒素不会因加热处理而破坏。病薯无论是鲜喂还是经加工处理（如切成片、晒干、磨碎等），均具有毒性。牛食入这种黑斑病甘薯或苗床上选剩的甘薯，是发病的主要原因。因此，本病也常发生于甘薯收获期和甘薯苗出床期。

（2）临床症状

①最急性病例　病牛常无任何临诊症状，于采食后 2～3 小时突然倒地死亡。

②急性病例 病牛精神沉郁，头低耳耷，食欲废绝，反刍停止，空嚼磨牙，流涎，体温正常或偶有升高，肌肉震颤，站立而不愿行走。发病后期病牛精神不安，表现出痛苦状，呼吸困难，气喘，头颈伸直并扬头，腹部扇动，鼻孔开张。重者张口，舌吐出于口外，眼结膜、口腔黏膜、生殖道黏膜发绀，从口内流出多量泡沫状唾液。病牛呼吸音增粗，似拉风箱状，很远即可听到。肺部听诊有啰音，心跳加快，脉搏增数，每分钟达 100 次以上，节律不齐，第 1、2 心音模糊不清。随病牛呼吸急速，见其眼睑肿胀，背部、颈部等皮下气肿，手按压呈捻发音。瘤胃、肠道蠕动音消失，粪便干小、黑色，并附血液或黏液，重者排出血便。患牛呻吟，严重缺氧，故多站立不安，于运动场内到处游走，最后窒息死亡。

③慢性病例 病程较长，患牛主要表现胃肠炎的症状，患牛前胃弛缓，反刍减少，食欲降低，排出带血或黏液的粪便。

（3）预防措施 贮藏甘薯的窖应选在地势高燥的地方，窖内保持干燥密闭，温度控制在 11～15℃。饲喂时仔细检查，严禁喂霉烂。严格挑选甘薯苗床上的剩薯。严禁将薯类集中堆放在运动场上让牛自由采食。

（4）治疗方法 立即停止饲喂有黑斑病的甘薯，尽量保持患牛安静，避免其活动，可将患牛安置在通风良好、安静的环境中休息。更换品质好的饲料，促使牛体康复。

治疗原则为解毒强心、保肝。为促进排除病牛体内的病薯，可将硫酸镁 1000 克，加水配成 10％溶液，一次灌服。为解除病薯毒素，防止毒素吸收，可灌服氧化剂，常用 1％高锰酸钾液或双氧水 800～1000 毫升。为解毒强心，可静脉注射葡萄糖生理盐水 2500～3000 毫升，5％樟脑水 30 毫升或 20％安钠咖 10 毫升，并补充维生素 C。为缓解水肿，解除呼吸困难，可静脉放血 1000～1500 毫升。同时每隔 3～4 小时静脉注射如下药物 1 次。配方为 5％葡萄糖生理盐水 2000～3000 毫升，25％葡萄糖溶液

500 毫升，20％安钠咖 10 毫升及 40％乌洛托品 50 毫升。另外，可以考虑应用 3％双氧水 40～100 毫升，10％葡萄糖溶液 500～1000 毫升，缓缓静脉注射，每天 1～2 次，直到病牛气喘、可视黏膜发绀症状消失或显著缓解后停药。

85. 肉牛瘤胃酸中毒的症状及其防治措施有哪些？

瘤胃酸中毒是因采食大量的谷类或其他富含碳水化合物的饲料后，导致瘤胃内产生大量乳酸而引起的一种急性代谢性酸中毒。其特征为消化障碍、瘤胃运动停滞、脱水、酸血症、运动失调、衰弱，常导致死亡。本病又称乳酸中毒，反刍动物过食谷物、谷物性积食、乳酸性消化不良、中毒性消化不良、中毒性积食等。

（1）发病原因　本病通常发生于：为了育肥而由粗饲突然变为精饲，突然变更精料的种类或其性状，粗饲料缺乏或品质不良，偷食或偏爱。所谓精料超量是相对的，关键在于其突然性，即突然超量。如果精料的增加是逐步的，则日粮中的精料比例即使达到 85％以上，甚至在不限量饲喂全精料日粮的育肥牛，也未必会发生急性瘤胃酸中毒。

能造成急性瘤胃酸中毒的物质有：谷粒饲料，如玉米、小麦、大麦、青玉米、燕麦、黑麦、高粱、稻谷；块茎块根类饲料，如饲用甜菜、马铃薯、甘薯、甘蓝；酿造副产品，如酿酒后干谷粒、酒精；面食品，如生面团、黏豆包；水果类，如葡萄、苹果、梨、桃；糖类及酸类化合物，如淀粉、乳糖、果糖、蜜糖、葡萄糖、乳酸、酪酸、挥发性脂肪酸。

（2）临床症状　最急性病例，往往在采食谷类饲料后 3～5 小时内无明显症状而突然死亡，有的仅见精神沉郁、昏迷，而后很快死亡。

轻微瘤胃酸中毒的病例，病牛表现食欲减退，反刍减少，瘤胃蠕动减弱，瘤胃胀满；呈轻度腹痛（间或后肢踢腹）；粪便松软或腹泻。

中等程度瘤胃酸中毒的病例，病牛精神沉郁，鼻镜干燥，食欲废绝，反刍停止，空口虚嚼，流涎，磨牙，粪便稀软或呈水样，有酸臭味。体温正常或偏低，炎热季节患牛体温可升高至41℃。呼吸急促，脉搏增数。瘤胃蠕动音减弱或消失，听-叩结合检查有明显的钢管叩击音。以粗饲料为日粮的肉牛在吞食大量谷物之后发病，进行瘤胃触诊时，瘤胃内容物坚实或呈面团感。而吞食少量而发病的病牛，瘤胃并不胀满。过食黄豆、苕子者不常腹泻，但有明显的瘤胃臌气。病牛皮肤干燥，弹性降低，眼窝凹陷，尿量减少或无尿；血液暗红，黏稠。病牛虚弱或卧地不起。实验室检查：瘤胃 pH5～6，纤毛虫明显减少或消失，有大量的革兰氏阳性细菌；血液 pH 呈酸性，PCV 上升至 50%～60%，血液 CO_2 结合力显著降低，血液乳酸和无机磷酸盐升高，尿液 pH 降至 5 左右。

重剧性瘤胃酸中毒的病例，病牛蹒跚而行，碰撞物体，眼反射减弱或消失；卧地，头回视腹部，对任何刺激的反应都明显下降；有的病牛兴奋不安，向前狂奔或转圈运动，视觉障碍，以角抵墙，无法控制。随病情发展，后肢麻痹、瘫痪、卧地不起；最后角弓反张，昏迷而死。实验室检查的各项变化出现更早，发展更快、变化更明显。

（3）预防措施　肉牛应以正常的日粮水平饲喂，不可随意加料或补料。由高粗饲料向高精饲料的变换要逐步进行，应有一个适应期，决不可突然一次补给较多的谷物或豆类。防止牛闯入饲料房、仓库、晒谷场，暴食谷物、豆类及配合饲料。

（4）治疗方法　加强护理，清除瘤胃内容物，纠正酸中毒，补充体液，恢复瘤胃蠕动。

重剧病牛宜行瘤胃切开术，排空内容物，用 3% 碳酸氢钠清洗瘤胃，尽可能彻底地洗去乳酸。然后，向瘤胃内放置适量轻泻剂和优质干草，条件允许时可给予健康瘤胃内容物。并静脉注射钙制剂和补液。若发生酸/碱或电解质平衡失调，应补充碳酸氢钠。

若病牛临床症状不太严重或病牛数量大，不能全部进行瘤胃切开术时，可采取洗胃治疗，即使用胃管以1%～3%碳酸氢钠液或5%氧化镁液，温水反复冲洗瘤胃，排液应充分，以保证效果。冲洗后瘤胃内可投服碱性药物（碳酸氢钠或氧化镁），补充钙制剂和体液；也可用石灰水洗胃。瘤胃恢复蠕动后，即可自由饮水。若因条件所限而不能采取洗胃治疗的病牛，可按每100千克体重静脉注射5%碳酸氢钠注射液1000毫升，并投服氧化镁或氢氧化镁等碱性药物后，服用青霉素溶液，以促进乳酸中和以及抑制瘤胃内牛链球菌的繁殖。当脱水表现明显时，可静脉注射5%葡萄糖氯化钠注射液、20%安钠咖注射液、40%乌洛托品注射液。为促进胃肠道内酸性物质的排除，在灌服碱性药物1～2小时后，可服缓泻剂，用液体石蜡500～1500毫升。

为防止继发瘤胃炎、急性腹膜炎或蹄叶炎，消除过敏反应，可静脉注射扑敏宁，肌内注射盐酸异丙嗪或苯海拉明等药物。

在患病过程中，出现休克症状时，宜静脉或肌内注射地塞米松。血钙下降时，可静脉注射10%葡萄糖酸钙注射液。

过食黄豆的病牛，发生神经症状时，用镇静剂，如静脉注射安溴注射液或肌内注射盐酸氯丙嗪，再静脉注射10%硫代硫酸钠、肌内注射10%维生素C注射液。为降低颅内压，防止脑水肿，缓解神经症状可应用甘露醇或山梨醇，按每千克体重0.5～1克剂量，用5%葡萄糖氯化钠注射液以1∶4比例配制，静脉注射。

护理在最初18～24小时要限制饮水量。在恢复阶段，应喂以品质良好的干草而不应投食谷物和配合精饲料，以后再逐渐加入谷物和配合饲料。

86. 牛创伤及脓肿应如何治疗？

（1）创伤 创伤是因锐性外力或强烈的钝性外力的作用使牛体某部位的皮肤、黏膜及深部组织发生的开放性损伤。主要表现为出血、创口裂开、疼痛和功能障碍。新鲜污染创伤后的时间较短，创内上有血液流出或存有血凝块，创伤被细菌和异物所污染，但进入创内的细菌并未损伤组织，没有炎性反应。但如果创伤面积大，创伤深且为要害部位，则可因疼痛剧烈，失血过多而引起全身反应，甚至发生休克而导致死亡。感染化脓创进入创内的细菌大量繁殖，对机体呈现致病作用，使伤部组织出现明显的感染症状。创伤局部发炎、肿胀、增温、疼痛，随后创内坏死组织液化，形成脓汁，严重时感染扩散引起全身性化脓性感染，甚至发生败血症。因此，须注意对牛创伤的治疗。

①新鲜创伤的治疗 可采取纱布压迫、结扎、止血钳等进行止血。用外用止血粉撒在创伤口，也可在必要的情况下，用氯化钙或者维生素 K 等进行全身性止血。用灭菌的纱布盖住伤口，再剪去伤口周围的被毛，用苯扎溴铵溶液或者生理盐水把伤口的周围洗净，再用 5％碘酒消毒。除去伤口上的覆盖物，除去伤口内的异物，用生理盐水、高锰酸钾溶液反复冲洗伤口内，再撒上磺胺粉，最后进行缝合、包扎。肌肉深创应注射 5000～10000 单位破伤风类毒素和抗生素。

②感染化脓创伤的治疗 首先要排出脓汁，把坏死的组织刮掉或者切除掉。再用高锰酸钾溶液或者双氧水冲洗创腔，并用酒精棉球擦干。然后用消毒的纱布条埋进创腔内引流，接着撒上磺胺消炎粉，最后用消毒的纱布覆盖在创口上，用绷带或者胶布包扎固定。创口不能缝合，有明显的污染时，要向创腔内撒碘仿磺胺粉、青霉素粉等。用 1％普鲁卡因溶液加进青霉素 40 万单位，在创口周围进行封闭注射，每天 1 次。同时，进行输液、强心、

解毒等对症治疗。对于肉芽创，要先用生理盐水或者 0.1% 雷佛奴尔清洗创面，再用甘油红汞、水杨酸氧化锌软膏、3% 龙胆紫或者水杨酸磺胺软膏等药剂，涂在创面。用氧化锌 13 克，碘仿 25 克，液体石蜡 38 克，混合后制成糊剂，用作外部涂用，对于已长肉芽的创面，可防腐，促使表皮生长。创面大的肉芽创，经过处理和修整后，要撒上青霉素粉，并进行密封缝合或者创口边缘、创壁的阶段性缝合。

（2）脓肿　肉牛脓肿是化脓菌感染后在局部组织器官内形成外有脓肿膜包裹，内有脓汁潴留的局限性脓腔。多因细菌导致皮肤等感染所致，其中有化脓性链球菌、大肠杆菌、绿脓杆菌，重要的为葡萄球菌，主要发生在肌肉、皮下、关节、鼻窦、乳房等位置，如强烈的药物注射到以上部位也会导致肉牛脓肿病的发生。

病初用 1% 普鲁卡因青霉素液于肿胀周围封闭，促使肿胀消散。如果脓肿已出现，可用 5% 碘酊或 10%～30% 鱼石脂软膏于患部涂布，促其尽快成熟。脓肿成熟时，术部剪毛消毒，涂布 5% 碘酊，在波动明显的中央部位用灭菌针头穿刺，可放出或吸出脓汁；或选择脓肿波动最明显、位置最低的部位切开，排出脓汁，去除坏死组织，用 0.1% 高锰酸钾，3% 双氧水冲洗脓腔，然后用消毒棉擦干，再用碘酊、碘甘油纱布填塞。以后定期换药，直到肉芽填充，愈合为止。

另外注意，如果当出现全身症状时，应及时地应用抗生素、补液、补糖、强心等方法，使其早日恢复。

87. 母牛流产引起的原因及其预防措施有哪些？

流产指由于胎儿或母体异常而导致妊娠生理过程发生扰乱，或它们之间的正常关系受到破坏而导致的妊娠中断。流产可以发生在妊娠的各个阶段，但以妊娠早期较为多见。母体可以排出死亡的孕体，也可以排出存活但不能生存的胎儿。如果母体在妊娠期满前排出成活的未成熟胎儿，可称为早产，如果在分娩时排出死亡的胎儿，则称为死产。

（1）发病原因　流产的原因极为复杂，可概括分为三类，即普通流产（非传染性流产）、传染性流产和寄生虫性流产。每类流产又可分为自发性流产与症状性流产。自发性流产为胎儿及胎盘发生反常或直接受到影响而发生的流产；症状性流产是孕牛某些疾病的一种症状，或者是饲养管理不当导致的结果。

①普通流产（非传染性流产）其原因可以大致归纳为以下几种：

A. 自发性流产

胎膜及胎盘异常：胎膜异常往往导致胚胎死亡。如无绒毛或绒毛发育不全，可使胎儿与母体间的物质交换受到限制，胎儿不能发育。这种异常有时为先天性的，有时则可能是因为母体子宫部分黏膜发炎变性，绒毛膜上的绒毛不能和发炎的黏膜发生联系而退化。

胚胎过多：子宫内胎儿的多少与遗传和子宫容积有关。牛双胎，特别是两胎儿在同一子宫角内，流产也比怀单胎时多。

胚胎发育停滞：在妊娠早期的流产中，胚胎发育停滞是胚胎死亡的一个重要原因。发育停滞可能是因为卵子或精子有缺陷；染色体异常或由于配种过迟、卵子老化而产生的异倍体；也可能是由于近亲繁殖，受精卵的活力降低。因而，囊胚不能发生附植，或附植后不久死亡。有的畸形胎儿在发育中途死亡，但也有很多畸形胎儿能够发育到足月。

B. 症状性流产　广义的症状性流产不但包括因母牛普通疾病及生殖激素失调引起的流产，而且也包括饲养管理、利用不当、损伤及医疗错误引起的流产。下述病因虽然是引起流产的可能原因，但并非一定会引起流产，这可能和品种、个体反应程度及其生活条件不同有关。有时流产是几种原因共同造成的。

生殖器官疾病：母牛生殖器官疾病所造成的症状性流产较多。例如，患局限性慢性子宫内膜炎时，有的交配可以受孕，但在妊娠期间如果炎症发展，则胎盘受到侵害，胎儿死亡。患阴道脱出及阴道炎时，炎症可以破坏子宫颈黏液塞，侵入子宫，引起胎膜炎，危害胎儿。

妊娠期激素失调：与妊娠直接有关的是孕酮、雌激素和前列腺素，这些激素失调会导致胚胎死亡及流产。母牛生殖道的功能状况，在时间上应和受精卵由输卵管进入子宫及其在子宫内的附植处于精确的同步阶段。激素作用紊乱，子宫环境即不能适应胚胎发育的需要而发生早期胚胎死亡。以后，如孕酮不足，也能使子宫不能维持胎儿的发育。

非传染性全身疾病：如牛瘤胃臌气等，可能因反射性地引起子宫收缩，血液中 CO_2 增多，或起卧打滚，引起流产。牛顽固性瘤胃弛缓及真胃阻塞，拖延时间长也能够导致流产。此外，能引起体温升高、呼吸困难、高度贫血的疾病，都有可能发生流产。

饲养性流产：饲料数量严重不足和矿物质含量不足均可引起流产。缺硒地区肉牛除表现缺硒症状外，有时也会发生散发性流产。此外，饲料品质不良及饲喂方法不当，可使孕牛中毒而流产。孕牛由舍饲突然转为放牧，饥饿后喂以大量可口饲料，能够引起消化紊乱或疝痛而致流产。另外，吃霜冻草、露水草、冰冻饲料，饮冷水，均可反射性地引起子宫收缩，而将胎儿排出。

中毒性流产：霉玉米喂牛后引起流产，原因是串珠镰刀菌繁殖而产生玉米赤霉烯酮。有些重金属可招致流产，如镉中毒、铅中毒。细菌内毒素也能引起流产。

损伤性及管理性流产：主要由于管理及使用不当，使子宫和胎儿受到直接或间接的机械性损伤，或孕牛遭受各种逆境的剧烈危害，引起子宫反射性收缩而发生散发性流产。使役过久、过重，如驮载及长途跋涉、车船运输等，可使母牛极度紧张疲劳，体内产生大量 CO_2 及乳酸，因而血液中的氢离子浓度升高，刺激延脑中的血管收缩中枢，引起胎盘血管收缩，胎儿得不到足够的氧气，就有可能引起死亡。精神性损伤（惊吓、粗暴地鞭打头和腹部或打冷鞭、惊群、打架），可使母牛精神紧张，肾上腺素分泌增多，反射性地引起子宫收缩。

腹壁的碰伤、抵伤和踢伤，母牛在泥泞、光滑或高低不平的地方跌倒，抢食以及出入圈舍时过挤均可造成流产。

剧烈的运动、跳越障碍及沟渠、上下陡坡等，都会使胎儿受到振动而流产。

医疗错误性流产：全身麻醉，大量出血，服用过量泻剂、驱虫剂、利尿剂，注射某些可以引起子宫收缩的药物（如氨甲酰胆碱、毛果芸香碱、槟榔碱或麦角制剂），误给大量堕胎药（如雌激素制剂、前列腺素等）和孕牛忌用的药物以及注射不当的疫苗等，均有可能引起流产。

给孕牛服用刺激发情的制剂，会导致流产。粗鲁的直肠、阴道检查，超声波（阴道、直肠探入）诊断，也可能引起流产。

②传染性流产和寄生虫性流产 由传染病或寄生虫病所引起的流产。很多微生物或寄生虫都能引起肉牛流产，是由于侵害胎盘及胎儿引起自发性流产或以流产作为疾病的一种症状，而发生症状性流产。

（2）预防措施 引起流产的原因是多种多样的，各种流产的症状也有所不同。除了个别病例的流产在刚一出现症状时可以试行抑制以外，大多数流产一旦有所表现，往往无法阻止。因此在发生流产时，应立即采取适当治疗方法，以保证母牛及其生殖道的健康，必要时采样并进行实验室检查，尽量做出确切的诊断，然后提出有效的具体预防措施。

调查材料应包括饲养放牧条件及制度（确定是否为饲养性流产）；管理及使役情况，是否受过伤害、惊吓，流产发生的季节及气候变化（损伤性及管理性流产）；母牛是否发生过普通病、牛群中是否出现过传染性及寄生虫性疾病；治疗情况如何，流产时的妊娠月份，母牛的流产是否带有习惯性等。

对排出的胎儿及胎膜，要进行细致观察，注意有无病理变化及发育反常。在普通流产中，自发性流产表现有胎膜上的反常及胎儿畸形；霉菌中毒可以使羊膜、胎盘发生水肿。

由于饲养管理不当、损伤及母牛疾病、医疗事故引起的流产，一般都看不到明显变化。

传染性及寄生虫性的自发性流产，胎膜及（或）胎儿常有病理变化。如牛因布鲁氏菌病引起流产的胎膜及胎盘上常有棕黄色黏脓性分泌物，胎盘坏死、出血，羊膜水肿并有皮革样的坏死区；胎儿水肿，胸、腹腔内有淡红色的浆液等。发生上述流产后常发生胎衣不下。具有这些病理变化时，应将胎儿、胎膜以及子宫或阴道分泌物送实验室诊断检验，有条件时应对母牛进行血清学检查。症状性流产，则胎膜及胎儿没有明显的病理变化。对于传染性的自发性流产，应将母牛的后躯及所污染的地方彻底消毒，并将母牛隔离饲养。

总之，防治流产的主要原则是，在可能情况下，制止流产的发生；当不能制止时，应尽快促使死胎排出，以保证母牛及其生殖道的健康不受损害；然后分析流产发生的原因，根据具体原因提出预防方法；杜绝自发性、传染性及寄生虫性流产的传播，以减少损失。

88. 母牛子宫脱出应该怎样进行处治？

子宫角前端翻入子宫腔或阴道内，称为子宫内翻；子宫全部翻出于阴门之外，称为子宫脱出。二者为程度不同的同一个病理过程。

（1）发病原因　　目前，认为母牛子宫脱出主要和产后强烈努责、外力牵引以及子宫弛缓有关。

①产后强烈努责　子宫脱出主要发生在胎儿排出后不久、部

分胎儿胎盘已从母体胎盘分离。此时只有腹肌收缩的力量能使沉重的子宫进入骨盆腔，进而脱出。因此，母牛在分娩第三期由于存在某些能刺激母牛发生强烈努责的因素，如产道及阴门的损伤、胎衣不下等，使母牛继续强烈努责，腹压增高，导致子宫内翻及脱出。

②外力牵引　在分娩第三期，部分胎儿胎盘与母体胎盘分离后，脱落的部分悬垂于阴门之外，会牵引子宫使之内翻，特别是当脱出的胎衣内存有胎水或尿液时，会增加胎衣对子宫的拉力。再加上母牛站在前高后低的斜坡上会加快发病进程。分娩第三期子宫的蠕动性收缩（牛 $3.5\sim4$ 次/分钟）以及母牛的努责，更有助于子宫脱出。

此外，难产时产道干燥，子宫紧包胎儿，如果未经很好处理（如注入润滑剂）即强力拉出胎儿，子宫常随胎儿翻出阴门外。

③子宫弛缓　子宫弛缓可延迟子宫颈闭合时间和子宫角体积缩小速度，更易受腹壁肌收缩和胎衣牵引的影响。临床上也常发现，许多子宫脱出病例都同时伴有低钙血症，而低钙则是造成子宫弛缓的主要因素。当然，能造成子宫弛缓的因素还有很多，如母牛衰老、经产、营养不良（单纯喂以麸皮，钙盐缺乏等），运动不足，胎儿过大、过多，单胎动物的多胎等。

（2）预防措施　加强妊娠母牛管理，适量运动以保证母牛顺产，减少产犊母牛应激反应。供给牛全价营养的饲料，保证矿物质、维生素、微量元素的供应，增强母牛全身张力，防止母牛产后低血钙的发生。

在母牛妊娠特别是妊娠后期，要给予适当的运动与充足的日照。妊娠母牛消化器官有病，须进行及时治疗。

母牛产前，一定要有专人护理，发生难产应及时助产。助产时要将手指甲剪平、磨光，避免划破子宫壁。助产时拉出胎儿，用力不要过猛、过快，胎衣上不要系重物，以防将子宫脱出。对胎衣不下的母牛，要及时剥离，剥离时用力不要过猛，以防将子宫拉成内翻脱出。

产后仔细检查，发现问题及时处理。助产结束后，仔细检查子宫壁是否受到损伤，如受到损伤及时用药治疗，防止因母牛子宫受到损伤不适而努责，造成子宫脱。

（3）治疗方法　对子宫脱出的病例，必须及早实施手术整复。子宫脱出的时间越长，整复越困难，所受外界刺激越严重，康复后不孕率也越高。

根据病情轻重程度，采取不同方法进行处理，如脱出时间不长，脱出部分较少，色泽鲜艳无损伤，经清水洗涤干净，再用0.1％～0.5％高锰酸钾溶液冲洗后，用手轻轻将其推入子宫腔即可。脱出时间长，发生水肿、瘀血、硬化，必须先用消毒针头在脱出部分水肿处针刺放出水肿液，同时用5％新洁尔灭冲洗，一边用平直手指进行挤压，挤掉其中的瘀血及水肿液，直至它变软缩小，整复时保护黏膜和子叶，滞留在子宫上的胎膜应剥离掉，如果子叶、黏膜坏死变质，表面结痂渗有异物，都要彻底清除至见鲜肉为止，在清除时必须胆大心细，切勿损伤子宫深层血管，以防失血过量死亡。

整复前可施行保定和麻醉，将患牛牵到不能转身的保定栏内进行整复，术前将牛尾转向并固定，以免影响操作，将充分洗干净的子宫涂上青霉素，助手将子宫托起，置于阴门前，术者双手托住靠近阴门的子宫颈，手指平直适当用力往阴门内挤压，母畜努责时不用力，努责停止再继续往里挤压，靠近阴门部分推入后和助手共同往里推送。直到把脱出部分全部推入阴门，送进骨盆腔内，并平展其皱襞。

护理：子宫脱出后应注意栏舍清洁卫生，减少污染和损伤，应有良好饲养管理，给喂易消化高营养的饲料。

肌内注射青霉素160万单位×8支（一日两次）连续5天即可。

如确定子宫脱出时间已久，无法送回，或者有严重的损伤及坏死，整复后有引起全身感染、导致死亡的危险，可将脱出的子宫切除，以挽救母牛的生命。

89. 母牛产后出现胎衣不下应如何处治？

母牛娩出胎儿后，胎衣在第三产程的生理时限内未能排出，就叫胎衣不下或胎膜滞留。牛超过 12 小时未排出胎衣则表示异常。

胎衣不下的治疗原则是，要尽早采取治疗措施；防止胎衣腐败吸收；促进子宫收缩；局部和全身抗菌消炎；在条件适合时可以用手剥离胎衣。对于露出阴门外的胎衣，既不能拴上重物扯拉，又不能从阴门处剪断，以避免勒伤阴道底壁上的黏膜、引起子宫内翻及脱出，或使遗留的胎衣断端缩回子宫内。如果悬吊在阴门外的胎衣较重，可在距阴门约 30 厘米处将胎衣剪断。胎衣不下的治疗方法很多，概括起来可以分为药物疗法和手术疗法两大类。

（1）药物疗法　在确诊胎衣不下之后要尽早进行药物治疗。

①子宫腔内投药　向子宫腔内投放四环素族、土霉素、磺胺类或其他抗生素，起到防止腐败、延缓溶解的作用，等待胎衣自行排出。药物应投放到子宫黏膜和胎衣之间。每次投药之前应轻拉胎衣，检查胎衣是否已经脱落，并将子宫内聚集的液体排出。

作为辅助疗法，可向子宫内投放一些其他药物，应用天花粉蛋白可以促进胎盘变性和脱落，从而加速胎衣的分离；胰蛋白酶可加速胎衣溶解过程；食盐则能造成高渗环境，减轻胎盘水肿和防止子宫内容物被机体吸收，并且刺激子宫收缩。

子宫颈口如果已经缩小，可先肌内注射雌激素，如己烯雌酚，使子宫颈口开放，排出腐败物，然后再放入防止感染的药物。雌激素尚能增强子宫收缩，促进子宫血液循环，提高子宫的抵抗力。

②肌内注射抗生素　在胎衣不下的早期阶段，常常采用肌内注射抗生素的方法；当出现体温升高、产道创伤或坏死情况时，还应根据临床症状的轻重缓急，增大药量，或改为静脉注射，并配合应用支持疗法。

③促进子宫收缩　加快排出子宫内已腐败分解的胎衣碎片和液体，可先肌内注射已烯雌酚，1小时后肌内或皮下注射催产素，2小时后重复一次。这类制剂应在产后尽早使用，对分娩后超过24小时或难产后继发子宫弛缓者，效果不佳。

除催产素外，尚可皮下注射麦角新碱，麦角新碱比催产素的作用时间长。

（2）手术疗法　即徒手剥离胎衣。采用手术剥离的原则是：易剥离则剥，不易剥离不要强剥，剥离不净不如不剥。牛最好到产后72小时进行剥离。剥离胎衣应做到快（5～20分钟内剥完）、净（无菌操作，彻底剥净）、轻（动作要轻，不可粗暴），严禁损伤子宫内膜。对患急性子宫内膜炎和体温升高的病牛，不可进行剥离。

徒手剥离胎衣是一种治疗胎衣不下的传统方法，目前仍不失其临床应用价值。但应注意，胎衣即使是正常脱落，子宫内膜上仍然残留一些胎衣上的微绒毛；在手术剥离时，存留的绒毛更多。特别是强行剥离时，实际上绒毛的一部分较大的分支是被拔出来的，其断端仍遗留在子宫内膜中。这个过程极易损伤子宫内膜及腺窝上皮，甚至造成感染。

胎盘剥离时在母体胎盘与其蒂交界处，用拇指及食指捏住胎儿胎盘的边缘，轻轻将它自母体胎盘上撕开一点，或者用食指尖把它抠开一点，再将食指或拇指伸入胎儿胎盘与母体胎盘之间，逐步把它们分开，剥得越完整效果越好。辨别一个胎盘是否剥过的依据是：剥过的胎盘表面粗糙，不和胎膜相连；未剥过的胎盘和胎膜相连，表面光滑。如果一次不能剥完，可在子宫内投放抗菌防腐药物，等1～3天再剥或留下让其自行脱落。

胎衣剥离完毕后，用虹吸管将子宫内的腐败液体吸出，并向子宫内投放抗菌防腐药物。

90. 母牛子宫内膜炎引起的原因及如何防治？

产后子宫内膜炎为子宫内膜的急性炎症。常发生于分娩后的数天之内。如不及时治疗，炎症易于扩散，引起子宫浆膜或子宫周围炎，并常转为慢性炎症，最终导致长期不孕。

（1）发病原因

①生物学因素　从感染子宫内分离到的病原微生物通常在牛舍环境中也可以分离到，而且可以感染其他器官。因此大多数的子宫感染都是非特异性的。在产后早期（产后 10 天内）从感染子宫分离到病原大多是大肠杆菌、化脓性放线菌和葡萄球菌，个别病例可以分离到坏死杆菌。在产后 2～3 周的感染病例分离到的细菌通常有化脓性放线菌和葡萄球菌。这些细菌感染的特点是子宫内常排出大量白色或黄白色的脓汁。这类感染轻微的病例常常会自愈，对繁殖和其他生产性能没有明显的影响。个别严重的病例子宫感染后炎性细胞渗透到子宫内膜的表面，导致子宫内膜上皮细胞脱落、坏死，子宫内膜充血。炎性渗出物积聚在子宫内，而且 70%～75% 的感染可以扩充到输卵管。当子宫颈口关闭，子宫炎性分泌物不能排出，常会造成子宫内蓄脓。

②营养性因素　日粮中维生素和微量元素缺乏或矿物质的添加比例失调时，牛的抵抗力降低，容易发生子宫内膜炎，特别是硒和维生素 E 缺乏的牛群本病的发病率较高。

③饲养管理不当　饲养管理水平和个体差异也和子宫内膜炎的发病率有关。饲料中蛋白质缺乏或缺乏优质牧草的牛群本病的发病率较高，患难产、酮病、胎衣不下等疾病的牛发病率较高。过肥或过瘦、缺乏运动的牛产后容易发生子宫内膜炎。

（2）预防措施

①加强饲养管理　科学合理的利用饲草、饲料资源，提高牛的营养水平，是预防牛子宫内膜炎，提高牛繁殖能力最根本的措施。此外，对产后子宫内膜炎的牛争取做到早发现、早治疗，以避免错过最佳的治疗时机，也是非常重要的。

②搞好牛场环境卫生　注重场地卫生，牛床、牛舍、运动场应保持干燥，定期消毒，一月一次，也可以针对环境情况增加到一月两次；及时处理牛舍及运动场粪便、积水、污水；保持牛体清洁、干燥。

③控制产前、产后感染

A. 建立独立产房，并定期消毒，为生产母牛提供一个安静、清洁、保温的分娩环境。

母牛分娩前应对分娩环境和母牛外阴等处消毒，一般情况下让牛自己分娩，不要打扰或过早助产，只有在难产时才给予适当助产，助产时应对助产者手臂和助产器械严格消毒。如发生胎衣不下应及时治疗；分娩、助产时常发生产道损伤应及时治疗；若发现产后恶露异常，应及时治疗。

B. 在牛生产中，应重视妊娠后期和产后期牛的日粮平衡，尤其是维生素 A、维生素 D、维生素 E 和微量元素硒、锰、钴以及矿物质钙、磷等的比例。

临产前 2 周应转入产房实行单独饲养，并进行健康检查。产房、产床和牛体应保持清洁卫生、严格消毒。在牛分娩过程中，助产操作要规范、防止产道损伤及感染。对产后期牛，应尽快恢复其体力，增强牛抗病能力，可静脉注射葡萄糖或葡萄糖酸钙，肌内注射催产素防止胎衣不下，在产后 24～48 小时，应向子宫内灌注抗生素 1 次，以防产后子宫感染。如果牛产后 12 小时胎衣仍然不下，此时应采取药物注射等措施防止子宫感染。

C. 产后 1 周应注意产床、母牛外阴及后躯卫生。产后 1 个月应预防产后瘫痪、乳房炎、酮病等疾病的发生。

在牛管理上，要注意环境卫生、提供良好的饲养条件，牛舍、产房要经常打扫和消毒，保持清洁、干燥的环境。夏季加强通风，冬季注意保暖，用具应定期消毒。

④避免配种污染

A. 精液稀释液、稀释器具、输精枪应严格消毒。

精液稀释、吸取过程应在无菌条件下操作；输精时应用消毒液清洗母牛外阴部；插入输精器时避免将污物沾到输精器上带入阴道和子宫内。

B. 人工授精时，对器材、人员、母牛要严格消毒，防治引起牛生殖器官感染。

输精时，输精枪应缓慢通过子宫颈褶皱，以避免损伤子宫颈或子宫黏膜而引起子宫感染。

⑤注意产后调整　产后药物调整是促进子宫复旧、促进母牛早发情的重要措施，对产后子宫收缩乏力的牛可以注射雌激素、垂体后叶素等药剂。也可以灌服调理气血、活血化瘀、促进子宫收缩、促进和恢复产后母牛生殖功能的中药，如产后宫康王、生化汤、补中益气汤、桃红四物汤等。对正常分娩的牛，分娩后即灌服产后宫康王等以生化散为主的纯中药制剂或清宫液 50 毫升。在产后一个月应检查牛子宫复旧情况，对复旧不好的牛应及时给予治疗。为促使牛早发情，可以给牛饲喂一些补肾助阳的中药，如催情散等。

（3）治疗方法　治疗的基本原则是：促进子宫内炎性渗出物的排出，消除或抑制子宫感染，增强子宫免疫功能，加速子宫的自净作用。

①冲洗子宫疗法　冲洗子宫疗法是治疗急性和慢性子宫内膜炎的有效方法。治疗原则是清洗子宫，消除炎症，通过抗生素等药剂的处理，达到子宫净化的目的，每天或隔天 1 次，每次反复冲洗直到回流液清亮为止。

②子宫内药物灌注疗法　子宫内药物灌注是在进行子宫冲洗后的善后治疗，在清除了子宫炎性分泌物基础上，利用抗生素、

防腐剂等对子宫进行保护性治疗，起到抗炎、消毒、抗感染的作用，往往收到满意的效果。常用药物有：

抗生素：土霉素与红霉素配合，土霉素与新霉素配合，青霉素，四环素等抗生素。

碘制剂：对于慢性子宫内膜炎，可用鲁格尔氏液（5％复方碘溶液 20 毫升加蒸馏水至 500 毫升），5％碘酊注入子宫内 20～50 毫升，对脓性和卡他性子宫内膜炎有较好疗效。

磺胺类：常用磺胺油悬混液，磺胺 10～20 克，石蜡油 20～40 毫升，灌注子宫内治疗慢性子宫内膜炎。

鱼石脂：10％鱼石脂液 10～20 毫升，对坏死性、坏疽性子宫内膜炎疗效显著。

③全身治疗　在子宫内膜炎和其他产后感染时，常需进行全身性的治疗，尤其是恶露明显化脓和子宫内脓性分泌物较多时，应大剂量应用抗生素，并配合强心、补液，纠正酸碱平衡，防止酸中毒和脓毒败血症，静脉注射 5％～10％葡萄糖并补液，补充维生素 C，肌内注射复合维生素 B 及钙制剂。

④激素配合治疗　治疗子宫内膜炎，一方面要通过子宫清除炎症，另一方面还要通过内外环境的改善提高子宫抗感染能力，因此在炎症得到缓解之后，在发情周期的第 16～17 天，给患牛注射己烯雌酚 20 毫克，其目的是使子宫上皮细胞增生，黏膜充血，宫肌蠕动加强，有利于发情行为的充分体现和子宫炎症的充分清除，然后再分别进行一次清洗和子宫灌注青霉素。

⑤中药疗法　中药疗法中药有口服和灌注 2 种。"益母生化散"其组成为：益母草 120 克、当归 75 克、川芎 30 克、桃仁 30 克、干姜（炮）15 克、甘草（炙）15 克。对患病牛以每千克体重 0.7 克给药，效果良好。黄柏 70 克、车前 40 克、党参 35 克、云苓 50 克、白术 50 克、鸡冠草 50 克、益母草 50 克、海螵蛸 40 克、甘草 30 克、红花 40 克、赤芍 30 克，煎汤，灌服，1 剂/天，治疗牛化脓性子宫内膜炎，效果较好。中国农业科学院

中兽医研究所研制的清宫液 2 号,由丹参、千里光、忍冬藤、红花等组成,可治疗各种类型的子宫膜炎,对早期的急性子宫内膜炎疗效较好,子宫灌注,100 毫升/次,隔日 1 次,3～4 次为 1 疗程,一般治疗一个疗程即愈。

91. **母牛乏情的类型及其防治措施有哪些?**

牛在预定发情的时间内不出现发情的一种异常现象称为乏情,它不是一种疾病,而是许多疾病所表现的症状之一。应当指出,临床病例中,包括畜主要求检查和治疗的母牛,有许多并非真正的乏情,而是观察或鉴定发情失误(漏检或方法不正确)所致。

(1)发病原因 乏情可概括为初情期前乏情、产后乏情和配种后乏情三类。

①初情期前乏情 肉牛在初情期之前,生殖器官尚不具备繁殖功能,一般不会出现发情现象,这是肉牛所固有的一种正常生理现象。进入初情期则标志着已初步具有繁殖后代的能力,发情周期开始循环。母牛第一次发情的出现与年龄及体重密切相关,年龄已达初情期的青年母牛其体重必须达到成年时的三分之二才会出现发情现象,在营养良好、管理正常的情况下,牛达到 8～13 月龄就进入初情期,此后仍不出现发情,则为异常现象,即初情期前乏情。初情期前的乏情有两类情况,第一类是同一年龄组的青年母牛中有个别的出现乏情;第二类为同一年龄组或混合年龄组中有部分母牛出现乏情。前一类常与生殖道异常有关,因为这种异常现象未涉及整个牛群;而第二类现象则与管理措施有关。初情期前乏情的主要原因有:生殖器官发育不全、异性孪生不育母犊、两性畸形、卵巢肿瘤、染色体异常、消耗性疾病、近亲繁殖、营养不良、季节因素、传染性疾病等。

②产后乏情 母牛生产以后在特定的一段时间内停止发情,

这是具有自我保护作用的一种正常生理现象，只有在子宫复旧完成之后，发情周期才开始恢复。母牛产后正常乏情时间的长短依品种而异，差别很大，大多数牛为 20～70 天，哺乳带犊牛为 30～110 天。

③配种后乏情　母牛配种之后如未受孕一般会在 18～23 天之内返情，如未见到发情，达到 35～40 天时应做直肠检查，确定是否妊娠。但应注意，约有 5% 的母牛在妊娠早期仍可表现发情征状。牛配种后未孕而乏情主要原因有：胚胎死亡或延期流产；卵巢囊肿；子宫疾病；营养缺乏和全身性疾病。

（2）预防措施　改进发情鉴定方法不仅可以大大减少临床乏情病例数，而且对某些原因（如安静发情）引起的乏情病牛还有治疗作用。在临床上，畜主要求治疗的母牛中，有许多并非真正的乏情，而是由于种种原因，没有观察到发情所致。这种情况并不只是出现于缺乏有关基础知识和对繁殖技术不熟练的个体养牛户，在技术力量雄厚规模较大的牛场也时有发生。鉴定观察发情正确与否除与发情检查人员的技术水平有关以外，也与各个母牛的生理特征、季节与观察时间的早晚及长短有联系。因为各个母牛之间，在发情强度及持续表现的时间方面有很大的差异；并且发情表现也不是突然开始，持续一段时间后突然结束，而是呈时强时弱的波浪形式，存在所谓的发情波，即在一段时间内发情表现极其明显，随后有一段时间不明显或不表现，然后又表现出明显的发情征状。发情行为的表现也会受到季节、一天之中的时间早晚以及环境等因素的干扰，如在每天清晨和傍晚、周围环境安静或有公牛存在时，发情表现就比较强烈、明显。因此，改进发情鉴定的措施包括提高有关理论知识和技术操作水平，调整及增加观察时间，改变监视方法等。

在条件许可时，应当为每头母牛建立完整的繁殖档案，详细记录产犊、发情、配种、产后期及患病等情况；根据档案预测下次发情的时间，对不按时发情的母牛仔细进行检查，发现疾病及时治疗。

对配种后的母牛，应定时进行妊娠检查，尽早检出配种后的乏情母牛。产后期的牛应按时接受健康检查，发现卵巢活动停滞，妊娠黄体不按时消退或长期无新的卵泡发育者，立即采取适当的治疗措施。群内乏情母牛头数大量增多时，应从饲养管理方面查找原因。

（3）治疗方法　治疗母牛乏情的目标是使病牛的发情周期循环尽快恢复，出现明显的发情征状，并能配种受孕。为此可以根据乏情牛的卵巢机能状态区别对待，采用不同的方法处理。

①卵巢无功能活动，处于静止状态的乏情。牛这一类的母牛中，有许多是无法治愈的，如异性孪生不育、生殖器官发育不全或畸形，一旦确诊，应立即淘汰，不作为繁殖之用。

单纯由于营养缺乏，特别是蛋白质和能量摄入不足的乏情母牛，只要卵巢尚未严重萎缩，改善饲养状况，改变日粮配方，适当增加必需营养物质及矿物质，一般都能治愈，卵巢功能可望在数周之内得到恢复；不进行药物治疗，而贸然采用激素疗法，不仅无效，甚至有害。

年龄达到初情期，生殖器官正常，长久不发情的青年母牛，如果体重合乎标准，可以采用激素诱导发情。应用诱发母牛同期发情的相同方法，在耳部埋植孕酮制剂，肌内注射孕酮及雌二醇进行处理。

②卵巢上有功能性黄体的乏情。牛这一类的乏情母牛，根据可能的病因，可采用下列方法治疗：

A. 强化或诱导发情　应用激素刺激生殖机能是常用的治疗方法，采用这一类疗法能否收效，不仅与激素的效价和使用的剂量密切相关，更重要的是要看母牛的健康状况及体内激素动态变化如何。此外，应用激素诱导发情时，应同时改善饲养管理状况。通常采用的激素有雌激素，具有兴奋中枢神经系统及生殖道的功能，可以引起母牛表现明显的外部发情征状，但对卵巢无兴奋作用，不能促使卵泡生长。

B. 消除黄体疗法　手术摘除黄体：通过手术摘除黄体是最早采用的治疗黄体不消退而阻碍发情的方法。此法效能良好，病牛摘除黄体以后多在 2~8 天之内出现发情。但操作不慎，可能引起卵巢损伤，导致出血和粘连。

C. PG 疗法　$PGF_{2\alpha}$ 及其合成的类似物是疗效优良可靠的溶黄体剂，为治疗持久黄体、子宫积脓、胎儿干尸化的首选药物，病牛绝大多数在 3~5 天内黄体消退，出现发情。常用者为前列腺素 $F_{2\alpha}$，肌内注射 5~10 毫克，氯前列烯醇 500 微克。

92. 母牛常见难产应怎样进行助产？

难产是指由于各种原因使分娩的第一阶段（开口期），尤其是第二阶段（胎儿排出期）明显延长，如不进行人工助产，则母体难于或不能排出胎儿的产科疾病。

（1）难产的助产原则

①难产诊断必须迅速准确，助产应尽量争取时间早做，越早效果越好，否则因胎儿楔入盆腔，子宫壁紧裹胎儿，胎水完全流失以及产道水肿，会妨碍推退、矫正及拉出胎儿，也会妨碍截胎。如果拖延过久，胎儿死亡，发生腐败，会危及母牛的生命。即使母牛术后存活下来，也常因生殖道炎症而导致长期不孕。

②术前检查必须周密，并结合设备条件，慎重考虑手术方案、先后顺序以及相应的保定、麻醉等。在手术当中，术者和助手要密切配合，迅速、细致地完成手术。

③减少胎儿对产道的压力。进行助产手术前，通过灌肠、导尿等方法排尽患牛的粪尿，垫高患牛后躯，尽量缓解产力，必要时可采取传导麻醉（如会阴部麻醉、腰荐部硬膜外麻醉等）。充分润滑产道，可向产道内灌注液体石蜡、肥皂水等。对于已腐败或气肿胎儿可施行胸部或腹部缩小术，减少胎儿的体积。

④如诊断母牛预后不良，必须向牛主说明可能发生的情况，在手术中尽量保证母子平安，必要时征得他们的同意，根据实际情况，舍弃一方。

⑤胎儿矫正的顺序。当胎位、胎势和胎向同时发生异常时，要先矫正胎势，再行矫正胎位、胎向。四肢发生屈曲时，逐步矫正，如肩关节屈曲时，先矫正为腕关节屈曲，然后再进一步矫正。发生胎向异常，拉距离阴门近的一端，将距离远的一端推回。胎儿不是十分大时，有时屈曲的肢体可不行矫正直接拉出。

⑥矫正胎儿的方法。当胎儿楔于盆腔时，很难进行矫正，所以最好将胎儿推回到腹腔进行矫正。推回胎儿时要在产力的间歇时进行，并在推胎儿同时矫正异常胎势。应注意的是，外露的正常肢要缚绳，以免在推退和矫正时发生正常外露肢异位。

⑦拉出胎儿时，要遵守以下原则：沿骨盆轴方向拉，牛的骨盆轴为先向上，再向后，再向上，在不同的位置拉力方向要进行调整。拉时要配合母牛的努责，力量适中。在胎儿的宽大部位，如头部和肩部，通过阴门时要保护阴门和胎儿的脐带。当胎儿即将全部拉出时，要减缓拉出的力量，防止发生子宫脱出。

⑧术后要全面检查子宫腔及产道，预防与治疗产后子宫出血或产道破裂，尽可能地防止过多刺激生殖道，预防感染，术后要在子宫内投入抗生素。

（2）难产的助产方法　无力分娩母牛的助产，操作者将手臂伸入产道，按照上述注意事项。强行将胎儿拉出。或用催产办法，注射催产素或垂体后叶素等药物，剂量 8～10 毫升，必要时待 20～30 分钟后可重复注射一次。

胎儿姿势不正的助产，头颈侧弯、胎儿两腿已伸出产道，而头颈弯向一侧，不能产出，操作者将手臂伸入产道检查即可摸到。如果胎儿体型较小，产道润滑且扭转不严重时，可用手将其头矫正。反之，胎儿较大，产道干涩，扭转严重，应先将已伸出的两肢推回产道深处，同时将弯向一侧的头颈矫正。头颈下弯，头颈弯于两前肢之间或侧面，不能顺利产出的，助产时，将伸出产道的胎儿肢体送回宫腔后，操作者的手臂再沿着胎儿的腹侧深入，至胎儿嘴唇端时以手扣住胎儿唇和下颌，然后用助产叉顶住胎儿的肩部，此时，操作者的手在将胎头拉出伸直的同时，另一手用助产叉将胎儿躯干顶进宫腔，使用相反的作用力，才能将胎儿头部完全矫正。头向后仰或头颈扭转，造成的难产，如胎头稍偏，用手扣住唇部将头拉正位即可。如胎头后仰或扭转严重，先将胎儿推进宫腔，并进行矫正后，再以正位拉入产道。前肢以腕关节屈曲伸向产道引起难产时，将胎儿推回子宫，操作者手臂伸入产道，握住屈曲前肢的蹄，尽力向上抬，再将蹄拉入骨盆腔内，就可拉直前肢。后肢姿势不正，多发于倒生胎儿的后腿髋关节屈曲，伸向前方，称坐生，此时和前肢的矫正方法相同，如果胎儿体型不大，可不矫正，强行拉出，但不要拉尾巴，最好拉大腿根。当上述各种不正胎位、姿势矫正后再慢慢将胎儿拖出，如人少拉出有困难，可用消毒的产科绳套住胎儿的某一部位，再由助手顺产道方向牵拉。

93 肉牛传染性疾病的常规防治措施有哪些?

牛传染病的流行是由传染源、传播途径和易感牛群三个环节相互联系而造成的。因此，采取适当的防疫措施来消除或切断造成流行的三个环节的相互连接，就会有效阻断使传染病的传播。这些措施包括"养、防、检、治"4个基本原则的综合性措施，可以分为平时性的预防和发生传染病时的扑灭。

（1）平时性的预防

①加强饲养管理 养牛场要实行严格的消毒制度，其目的是消灭外界环境中被传染源污染的病原体。它是通过切断传播途

径、预防传染病发生或阻止其继续蔓延的一项重要措施。牛场常用的消毒方法有以下几种：

A. 氢氧化钠 1%～4%热溶液，用于刷洗食槽、冲刷地面、运输车辆等的消毒。对细菌、病毒有很强的杀灭力，可作牛场入口消毒之用，杜绝细菌、病毒被带入牛场牛舍。

B. 来苏儿 5%溶液用于消毒牛舍、地面等，其消毒力也很强，效果很好。

C. 漂白粉 5%～20%溶液可用于被细菌、病毒污染的牛舍、场地、车辆、物品等的消毒。

D. 甲醛溶液 可用于牛体体表消毒（1%）及牛舍、用具的消毒（2%～5%）。

②认真做好检疫工作 包括运输检疫、产地检疫和屠宰检验等。从外地引入牛种或购买牛犊时，事先应做好疫情调查，确认该地区没有疫病流行时方可引进或购买。购进的牛须经 30 天隔离饲养观察，确保健康后方可混群。

（2）发生传染病时的扑灭措施

①确诊 及时发现，尽快做出诊断、上报疫情，并通知邻近单位做好预防工作。如不能立即做出确诊，可采集病料送上级业务部门化验，以确诊定性。

②迅速隔离病牛 将病牛、可疑病牛和假定健康牛分别进行隔离。隔离后注意观察，并进行紧急疫苗接种，及时、合理治疗；若发生危害性大的传染病，如口蹄疫、炭疽等，要进行封锁，采取综合措施防止疫病蔓延。

③毒 对污染场地、牛舍进行彻底消毒，牛粪应堆积发酵15～30 天，无害化处理后方可做肥料。其他用具及饲养、兽医人员的衣物也应彻底消毒。同时，将病死牛尸体进行焚烧深埋。

这些预防和扑灭措施是互相联系、互相配合和互相补充的，在实际应用中还要结合具体情况灵活应对。

94. 炭疽的临床症状及其有效防治措施有哪些?

炭疽是由炭疽杆菌引起人畜共患的急性、热性、败血性传染病,常呈散发或地方性流行。

(1)临床症状 牛炭疽自然感染者潜伏期1~3天,部分可达14天。按其表现不一,可分为最急性、急性和亚急性慢性4种,但慢性很少,仅表现为逐渐消瘦,病程可长达2~3个月。

①最急性型病程为数分钟至几小时。病牛突然昏迷、倒地,呼吸困难,黏膜青紫色,天然孔出血。

②急性型病程一般1~2天。病牛多呈急性经过,体温达42℃,少食,呼吸加快,反刍停止,孕牛可流产。病情严重时,病牛惊恐、哞叫,随后变得精神沉郁,呼吸困难,肌肉震颤,步态不稳,黏膜青紫,有出血点。初便秘,后可腹泻、便血,有血尿。病牛天然孔出血,抽搐痉挛。炭疽痈常发生于颈、胸、腰及外阴,有时发生于口腔,造成严重的呼吸困难;发生肠痈时,下痢带血,肛门浮肿。

③亚急性型病程为数天至1周以上。在皮肤、直肠或口腔黏膜出现局部的炎性水肿,初期较硬,有热痛,后变冷而无痛。炭疽痈多在亚急性型时出现。

(2)预防措施

①每年要定期注射无毒炭疽芽孢苗或者Ⅱ号炭疽芽孢苗,牛体经注射了特定的疫苗以后,经过15天左右即可产生免疫力,不再传染疾病,其免疫期为一年。Ⅱ号炭疽芽孢苗,不论牛体格的大小均可皮下注射1毫升,1岁以下的可皮下注射0.5毫升。

②发生炭疽(或见疑似病牛)时,应尽快把病牛与健康牛隔离开。将健康牛送到比较偏远的地方进行饲养,病牛或疑似牛要由专人、专地进行饲养和治疗。对威胁区的牛要及早紧急防疫注射,牛舍及周围环境要严格消毒。

③被病牛污染的槽具和其他用具应用石灰或者烧碱水进行严格消毒，其垫草和粪便要及时烧毁，尸体要及时深埋或烧毁，严禁剥皮吃肉，也要防止有人扒出食用或被野兽拖出造成新的污染和传播，周围环境可用些新鲜石灰或烧碱等消毒。

④划定疫区，在此期间严格禁止进行畜禽交易和畜产品的交易以及人畜车辆的往来。疫区的解除，必须在最后一头病牛痊愈或者死去、扑杀以后，经过 20～30 天，再没有病例发生，并彻底消毒后方可解除，在一段时间内适当限制病牛的活动范围。

（3）治疗方法

①血清疗法　在患病的早期，应用抗炭疽血清治疗，可以获得较好的效果。剂量：100～300 毫升，皮下注射或者静脉注射，如果注射后患牛体温仍然不下降，则可以于 12～24 小时内重复再注射 1 次。

②抗生素疗法　肌内注射青霉素水剂 4000～8000 单位/千克，每天 2～3 次，如果将青霉素和抗炭疽血清共同使用则效果会更好。

③磺胺类药物疗法　用 20％的磺胺嘧啶钠或者磺胺噻唑钠溶液 80～100 毫升，静脉注射。每天 2 次，在体温下降以后，还应该继续用药 1～2 天，效果会更好一些。

95. 口蹄疫的临床症状及其有效防治措施有哪些?

牛口蹄疫是由口蹄疫病毒引起的一种急性、热性、高度接触性的人畜共患传染病，患牛主要在口腔黏膜、乳房、蹄部发生水泡和溃烂为主要症状。

（1）临床症状　口蹄疫病毒侵入动物体内后，潜伏期一般为 2～7 天，最短为 24 小时，最长为 14 天。病牛体温升高达 40～41℃，脉搏和呼吸加快，精神不振、食欲减退，随后在口腔、鼻、舌、乳房和蹄等部位出现水疱，12～36 小时后出现破溃，局部露出鲜红色糜烂面；乳头上水泡破溃，哺乳时疼痛不安；蹄部水泡破溃，蹄痛跛行，蹄壳边缘溃裂，重者蹄壳脱落。口腔并流出泡沫状的涎液，同时出现反刍停止、饮欲增加的症状，孕牛发生本病时往往发生乳房炎、流产或早产，严重的死亡。犊牛的水疱症状不明显，主要表现为出血性胃肠炎和心肌麻痹，常因心肌麻痹死亡，剖检可见心肌出现淡黄色或灰白色、带状或点状条纹，似如虎皮，故称"虎斑心"。犊牛死率较高。

（2）预防措施

①日常预防措施

A. 提高认识，积极预防　牛口蹄疫是国内动物性疾病的重点防治对象之一，给国内养牛业带来巨大的损失。预防牛口蹄疫的发生，一定要提高重视程度，积极预防。该病常发区或受威胁区要定期组织接种疫苗。疫苗接种两周之后可获得机体免疫能力。市场上常用的疫苗有口蹄疫弱毒疫苗、口蹄疫亚单位苗和基因工程苗。一般来说，弱毒疫苗的制作较为简单，同时，有着较长的免疫期，还能够快速的产生免疫效力，在日常免疫中较为常用，但是，这种疫苗有个弊端就是可向外界散毒。相反，灭活苗则不能向外散毒，但是其免疫期相对来说比较短。无论采用那一种免疫疫苗，都必须要根据当地流行病毒型有针对性选择，否则，难以起到有效地预防作用。

B. 加强饲养管理，做好卫生防疫　恶劣的养殖环境为病毒滋生创造了有利条件，预防牛口蹄疫疫病的发生，加强饲养管理、做好卫生防疫。一方面，无流行疾病情况下，要制定有序的卫生防疫程序，保证养牛圈舍及周边区域每天都能够得到及时清扫。清扫之后，要定期组织消毒，常用的饲养及饲喂工具均要用氢氧化钠溶液消毒，养殖圈舍墙壁、运动场等使用石灰粉。另一方面，疾病流行期，要严格制定封锁隔离措施，对进出车辆、用具、人员等要彻底消毒。对受威胁的肉牛立即进行紧急接种，预防疾病的蔓延。

②疾病流行期的预防措施

A. 及时上报疫情，积极封锁、隔离、消毒　一旦有类似病症出现，要及时上报有关部门。确诊后，立即划定疫区，及时封锁、隔离。对于疫区内被污染的饲槽、工具、粪便，甚至是牛只均要及时进行消毒处理。常用消毒液为 2% 的氢氧化钠溶液。封锁、隔离期限为最后 1 头病牛痊愈，或者是最后 1 只牛死亡，2 周后确保没有病例出现，经过彻底消毒之后，报请上级部门之后方可解除。

B. 积极检疫，做好病牛的善后处理工作　对于划定疫区内的牛只要逐只检疫，病死牛要作无公害化处理，深埋或者是焚烧处理，但是不要在养殖场内或者是周边区域进行。病重者，可根据感染情况，继续治疗或者是就地淘汰。病轻者，要做好对症治疗措施，缩短病程，预防继发病的发生。对于疫区及周边未感染的牛、羊、猪等易感动物，可立即接种口蹄疫疫苗，做好疾病预防措施。

（3）治疗方法

口蹄疫的治疗多是以预防为主的，在平时一定要加强检疫，一定要按时定期给所有牛进行注射疫苗，当对牛注射之后在 30 天左右的时间里就会产生免疫力，此疫苗的维持时间在 4～7 个月，一旦发现此病，必须要及时报告相关疫情，还要对疫情区的病牛进行隔离，并且要对牛舍进行消毒、紧接接种等预防措施。

96. 布鲁氏菌病的临床症状及其有效防治措施有哪些？

布鲁氏菌病是由布鲁氏菌引起的急性或慢性的人畜共患病，简称"布病"。易感动物种类很多，牛最易感。该病主要侵害生殖器官，引起胎膜发炎、流产、不育、睾丸炎等。人患"布病"主要是由于接触带有病原菌的各种污染物及食品，通过皮肤、黏膜、消化道和呼吸道感染。人感染后表现为长期低热、多汗、全身疲乏无力及神经肌肉、关节疼痛、肝脾肿大、睾丸炎等，给畜牧业生产和人类健康带来严重危害，被农业部列为二类动物疫病。

（1）临床症状　该病的潜伏期为2周至6个月。多数病例为隐性感染。妊娠母牛感染该病的明显症状是流产，流产可发生于妊娠的任何时期，通常发生在妊娠后的第6～8个月。流产胎儿多为死胎，有时也产下弱犊，但往往存活不久。感染布病的妊娠母牛流产前表现出分娩的征兆，阴唇及乳房肿胀，阴道黏膜上有小米粒大的红色结节，阴道内有灰白色或灰色黏性分泌液。流产后常发生胎衣滞留和子宫内膜炎，会在1～2周内从阴门内排出污秽不洁的红褐色恶臭分泌物。有的病例因子宫积脓长期不愈而导致不孕。公牛感染后主要发生睾丸炎和附睾炎。除了以上明显症状外，有时有轻微的乳房炎发生，个别病例会出现关节、滑液囊炎。

（2）预防措施　布鲁氏菌是兼性细胞内寄生菌，化学药物治疗效果较差。其防治过程要坚持预防为主的方针，采取加强环境消毒、定期检疫、定期免疫接种、淘汰病牛、培养健康牛群的综合性措施，最终达到控制和消灭布鲁氏菌病的目的，确保牛的健康。

①加强环境消毒　牛场可根据病原体的特点建立相应的卫生消毒制度，每年进行3～5次彻底消毒，同时，应经常性的对场区、设施、用具、饲料、饮水、垫料及粪便等进行严格消毒。其中，圈舍、场区、车辆等可选用10%的石灰乳、2%的烧碱、10%的漂白粉等有效消毒药进行消毒；金属设施、设备可用熏蒸等物理方法消毒；粪便可采用堆积密封发酵的生物方法进行消毒，乳汁及乳制品可采用巴氏消毒法进行消毒；皮毛可采用环氧乙烷、福尔马林熏蒸或5%来苏儿浸泡24小时等方式进行处理；流产胎儿、胎衣、羊水及分泌物作焚烧、深埋等无害化处理。饲养人员要注意观察牛群，发现母牛流产或从阴道流出灰白色或棕

红色污秽不洁、恶臭的分泌物，胎衣滞留、子宫内膜炎、乳房炎、关节炎、久配不孕；公牛发生睾丸炎、附睾炎、关节炎等带有布鲁氏菌病特征的症状时，及时将疑似病牛隔离。有条件的牛场可采集胎衣、胎儿胃内容物、绒毛膜水肿液、肝、脾、淋巴结等组织制成抹片，用柯兹罗夫斯基染色法染色、镜检。布鲁氏菌为红色球杆状小杆菌，而其他菌为蓝色；条件差一点的牛场可以直接用血清学方法检查，确诊的病牛要淘汰处理。牛舍应建在下风口处，远离人群及健康牛舍和交通要道。羊、犬、鹿、人等对布鲁氏菌病都易感，牛场内应禁止饲养易感动物，要灭鼠、灭蚊蝇，消灭传播媒介。

②定期检疫　在无该病流行的地区，每年至少进行 1 次检疫。引进牛时需隔离观察 2 个月，在此期间进行 2 次血清学检查，均为阴性方可混群。阳性者立即淘汰。疫区每年春秋季节对牛只（8 个月以上为宜）各进行 1 次检疫，接种过疫苗的动物在免疫后 1～3 年内检疫，检疫出阳性动物，应及早淘汰或做无害化处理。

③实行计划免疫制度，实施强制免疫，保护易感动物　疫苗接种是控制该病的有效措施。疫区应当全面开展免疫，将其纳入免疫标识管理，切实提高免疫密度。一般每年在 3～4 月份进行疫苗注射，尽量与口蹄疫疫苗错开注射。

④不从疫区购买动物，不购买无检疫合格证的动物　必须引进种牛时，要经布鲁氏菌病检疫，证明无病才能引进。新引进的种牛要隔离饲养 1 个月以上，经严格检疫 2 次，确认健康才能混群，以防止该病传入。

⑤注意人畜安全　布鲁氏杆菌的传染性很强，不仅能通过破损的皮肤、黏膜，也可经正常的皮肤、黏膜侵入人体内。其传染途径也较多，除经皮肤、黏膜感染外，还可经消化道、生殖道、呼吸道感染，故给防疫带来了较大的困难。布鲁氏菌病是人畜共患病，但人员也不必过度惊慌。牛场工作人员注意个人防护，严

格遵守预防传染病的各项操作规程，繁殖人员操作时应穿戴工作服，并戴质量符合要求的一次性胶手套，对牛外阴清洗消毒。尤其在接触病牛和疑似病牛时，更应注意防护。发现有布鲁氏菌病患者的工作人员，每年定期进行 1~2 次健康检查，及时发现并诊断，及时治疗。

⑥培育健康牛群　牛场可用健康公牛的精液人工授精，犊牛出生后食母乳 3~5 天送犊牛隔离舍，喂消毒乳和健康乳。6 个月后作间隔为 5 周的 2 次检疫，阴性者送入假定健康牛群，阳性者送入病牛群，从而达到逐步更新、净化牛场的目的。假定健康牛群 1 年进行 4 次以上检疫，无阳性者，即可认为是健康牛群。

（3）治疗方法　该病治疗效果较差，一般采用淘汰病牛来防止该病的流行和散播。如果需要，对流产后患子宫内膜炎的病牛可用高锰酸钾溶液冲洗子宫和阴道，每日 1~2 次，经 2~3 天后隔日 1 次，直至阴道内分泌物流出为止。严重病例可用抗生素或磺胺类药物治疗。中药益母散对母牛效果良好。

97. 牛流行热的临床症状及其有效防治措施有哪些？

牛流行热亦称"暂时热""三日热"，是由牛流行热病毒所引起的急性、热性传染病。

（1）临床症状　该病感染后，潜伏期为 1 周左右。初期恶寒战栗，之后可见体温骤升至 40℃ 以上，精神萎靡，鼻镜干热，反刍停止。发病早期病牛食欲减退，喘气急促，流泪、流涎、鼻端挂水样条状黏液，体温高达 41~42℃，鼻端、角根、尾根发凉，大部分关节浮肿、疼痛、跛行，个别尿少，尿液浑浊，粪干呈黑色，外附黏液或血液，肌肉震颤，眼角有黄色黏性分泌物；后期重症者，食欲废绝，出现张口伸舌，伸颈吭声不断，呼吸困难等症状，部分牛肌肉僵硬，不能行走或瘫痪，病程 3~10 天，多数 3 天后高温退去。临床有以下几种类型：

支气管肺炎型：体温高达 40～42℃。临床表现为发病急，无食欲。病初表现为呼吸困难、张口吐舌、气喘、咳嗽，眼结膜充血潮红，上下眼睑肿胀，畏光和流泪，鼻流清涕或黏稠分泌物，口中流涎，口角有泡沫，站立时，头颈伸直。听诊呼吸音粗厉，有干性或湿性啰音，心跳可达 100 次/分钟以上。

运动高度障碍型：患牛呆立不动，四肢关节浮肿，行走时步态发僵，跛行明显或站立困难而倒地，肌肉厚实部位僵硬、皮温不均，类似风湿症状，严重者卧地不能起立，多见有妊娠 6 个月以上和产后不满一个月的哺乳牛。

胃肠炎型：主要表现食欲废绝，腹痛，腹泻或便秘，有血丝，粪便恶臭，带有黏液或血液。尿量少而混浊。妊娠牛可能发生流产。

(2) 预防措施

①接种牛流行热疫苗，我国已研制出此种疫苗，于第一次接种后 3 周再接种第 2 次，免疫期为 6 个月。可根据牛流行热发病规律进行计划免疫，以减少易感牛。注射抗牛流行热高免血清，用以保护受威胁牛群或发病牛群中的孕牛及贵重牛只，可明显降低发病率或减轻症状。自然感染牛流行热康复后的牛 2 年内具有坚强免疫力，用这种牛的血清同样具有良好的短期保护作用。

②经常保持牛舍及周围环境的清洁，对牛舍地面，饲槽要定期用 2% 氢氧化钠热溶液消毒。根据流行热病毒和蚊蝇传播特点，可每周 2 次用 3% 菌毒敌溶液或 5% 敌百虫溶液喷洒牛舍和周围排粪沟，以杀灭蚊蝇，切断传播途径。

③切实做好防暑降温工作。牛舍通风良好，并搭建遮阳棚，严防日光直射肉牛；在日粮中添加小苏打和氯化钾，缓解热应激反应；要保证足够的清洁饮水，多喂青绿饲料，保证营养需要，增强抗病能力。

④在该病流行季节到来前，1 次皮下或肌内注射结晶紫，乙烯二醇疫苗 15 毫升，间隔 3 天，再注射 1 次，免疫期可达半年。

⑤在牛流行热流行期间，要严格执行隔离措施。非牧区职工，不得进入牧场。本场饲养员和工作人员应减少和外界的接触，避免交叉传染。

（3）治疗方法　该病大多取良性经过，据多年临床经验和调查，有许多病牛系未经用药而自愈，故可不必过多用药。一旦确诊，要及时隔离。同时，对养殖舍内的食槽、用具等一律用漂白粉（使用浓度为5％）、火碱水溶液（使用浓度为5％）进行消毒处理，对于预防疾病蔓延效果较好。隔离期间，要对病患牛积极诊断、及时治疗，以防错过最佳治疗时间。治疗期间，要加强病患牛的饲喂护理工作，对于提高牛只的疾病抵抗能力效果较好。在突然暴发的初期，或对某些妊娠牛、种公牛以及某些贵重品种牛，或对病情较重的牛，应提高警惕，不可掉以轻心，可根据不同病情选择应用以下方法对症治疗。

①解热镇痛　可用复方氨基比林、安痛定等肌内注射，每天2～3次，体温恢复正常时即应停用。也可内服阿斯匹林粉、安乃近粉、氨基比林粉，或用10％水杨酸钠注射液200～500毫升静脉注射，每天1～2次，疗效较好。

②强心输液　心脏衰弱时可注射强心剂，如对心脏有兴奋作用的安钠咖、樟脑磺酸钠等，或为加强心肌收缩力，改善心脏功能可注射毒毛旋花子素或毛花丙苷（西地兰）等。将强心类药物根据病情加入电解质溶液或不同浓度的葡萄糖溶液中同时静脉输入，除具有强心作用外，还具有营养心肌、利尿、排毒、平衡电解质等作用。

③兴奋呼吸　出现呼吸抑制或衰竭时可注射尼可刹米、盐酸山梗菜碱（盐酸洛贝林）、樟脑磺酸钠、氨茶碱等，以兴奋呼吸中枢，松弛支气管，改善通气量和心衰。

④防治继发感染　可用青霉素联合链霉素注射，每6～8小时一次，也可用广谱抗菌药物如四环素族、氟喹诺酮类等，肌内或静脉注入，但应避免使用广谱抗生素内服投药。

⑤纠正酸中毒　可纠正该病常发生的代谢性酸中毒，并增加碱贮，可用碳酸氢钠溶液或乳酸钠溶液静脉注射。

⑥用糖皮质激素　可降低病牛对外界不良刺激的反应性，具有抗炎、抗毒素和抗休克等作用，最常用的为地塞米松和氢化可的松，除肌内和静脉注射用于全身治疗外，还可做关节及腱鞘内注射治疗关节炎等。应用此类药物要遵照早用药、用量足、疗程短等原则。

⑦中医药疗法　可根据不同病情、辨证施治，选用合适的方剂，如小柴胡汤、麻黄汤、发表汤、防风通胜散、清热解毒汤、麻杏甘石汤等，并可配合针灸疗法，尤在跛行、麻痹、瘫痪时可配合使用，高热、呼吸困难时还可针刺静脉泻血 200～400 毫升。

⑧特异疗法　注射抗牛流行热高免血清或病愈牛血清，此种血清有良好效果，但不易购到，且费用较高，除个别贵重牛外，一般牛不必使用。

⑨出现伴发症状时的治疗

A. 对瘤胃臌气的患牛，可将患牛牵到斜坡上，牛头向上，尾巴向下，有三种物理处理方法。第 1 种是把牛嘴张开，抓一把食盐，用食盐在患牛舌上按摩，让其嗳气；第 2 种是用木棍把患牛嘴张开，然后用牵牛绳在患牛背部从前往后刮；第 3 种是在牛的左侧瘤胃处进行按摩，使其瘤胃蠕动、嗳气。在农村也可就地取材治疗，取咸橄榄汤或金枣汤 0.25 千克（泡的时间越长越好）加水 0.25～0.5 千克，一次性灌服。倘若瘤胃臌气严重，则须进行放气，防止瘤胃破裂，放气方法：用 18 号长针在患牛左侧三角窝处刺入瘤胃，缓慢放气，不能一次性放彻底，以防心、脑血压急剧下降而造成缺氧死亡。

B. 对伴有重瓣胃阻塞、便秘严重的患牛，可选用 20％硫酸镁注射液 400～1000 毫升在患牛的右侧第八至第九肋骨中间肩关节的水平线相交处略向下方刺入 3～5 厘米，可用 16～18 号针头注入重瓣胃，部位要准确，使其内容物软化、通便。

C. 对后肢跛行、卧地不起的患牛，可选用青霉素 80 万单位用蒸馏水 4～5 毫升稀释后加氢化可的松 2 毫升，在百会穴的凹陷处中央进行穿刺，注入脊髓腔内。方法是：在百会穴中间，先用 16 号短针将牛皮刺过（因为牛皮比较厚，直接用长针会弯曲），然后再用长针穿刺到脊髓腔，当穿过脊髓腔膜时，能听到"卟"的一声，说明已到脊髓腔，此时不能再往下穿刺，以防止刺到脊髓，然后将青霉素混合液注入脊髓腔，有较好疗效。

⑩采用清肺平喘、化痰止咳、解热镇痛、利尿通便的中药进行辨证施治

A. 发病初期，可用荆防败毒散进行治疗，处方：荆芥50 克，防风、羌活、柴胡、前胡各 45 克，独活、桔梗各 40克，川芎、枳壳、茯苓各 30 克，甘草 25 克，生姜、薄荷各 20克，加水 2.25 千克煎至 1.0 千克，每天灌服 1 剂，连服 2 剂（注：生姜、薄荷须后入，牛体重偏大或偏小的剂量应适当加减）。

B. 发病中期，由于发热、寒战、无汗、肢体疼痛、咽肿、口干、舌红、里热，可去掉独活、川芎，加入金银花、牛蒡子各30 克，连翘 42 克，板蓝根、芦根各 45 克等清热解毒药，以解毒清热；对四肢跛行的加地风 30 克，年见 32 克，木瓜、牛膝各 45 克，咳嗽严重的加杏仁 45 克，全瓜蒌 40 克，大便干燥的加大黄、朴硝各 45 克，每天灌服 1 剂，连服 1～2剂。

C. 加强饲养管理，隔离饲养，搞好环境卫生，消毒圈舍，消灭蚊蝇，以减少疫情扩散和传播。

98. 牛球虫病有哪些症状及其防治措施有哪些？

牛球虫病是由艾美耳属的几种球虫寄生于牛肠道引起的以急

性肠炎、血痢等为特征的寄生虫病。各种品种的牛均有易感性，但主要发生于 2 岁以下的犊牛，且症状特别严重。成年牛大多为带虫者而散布病源，其粪便污染草料、饮水，牛舍及哺乳母牛乳头而引起本病的传播。

（1）临床症状　潜伏期为 2～3 周，犊牛一般为急性经过，病程为 10～15 天。当牛球虫寄生在大肠内繁殖时，肠黏膜上皮大量破坏脱落、黏膜出血并形成溃疡；这时在临床上表现为出血性肠炎、腹痛，血便中常带有黏膜碎片。约 1 周后，当肠黏膜破坏而造成细菌继发感染时，则体温可升高到 40～41℃，前胃迟缓，肠蠕动增强、下痢，多因体液过度消耗而死亡。慢性病例，则表现为长期下痢、贫血，最终因极度消瘦而死亡。

剖检发现，牛球虫寄生的肠道均出现不同程度的病变，其中以直肠出血性肠炎和溃疡病变最为显著，可见黏膜上散布有点状或索状出血点和大小不同的白点或灰白点，并常有直径 4～15 毫米的溃疡。直肠内容物呈褐色，有纤维性薄膜和黏膜碎片。直肠黏膜肥厚，有出血性炎症变化。淋巴滤泡肿大，有白色或灰色小溃疡，其表面覆有凝乳样薄膜。直肠内容物呈褐色，恶臭，含有纤维素性伪膜和黏膜碎片。

（2）预防措施　牛场要定期驱虫，做好消毒灭源工作。从外地调入牛只时，要在调入前到产地做一次寄生虫病的调查，并有针对性驱虫，确保引进的牛群健康不带虫。引进后应隔离饲养两月以上，以防交叉感染。

①犊牛与成年牛分群饲养，以免球虫卵囊污染犊牛饲料。

②舍饲牛的粪便和垫草需集中消毒或生物热堆肥发酵，在发病时可用 3％～5％热碱水或 1％克辽林溶液对牛舍、饲料槽消毒，每周一次。

③被粪便污染的母牛乳房在哺乳前清洗干净。

④牛圈要保持干燥，粪便要勤清除，保持饲料和饮水的清洁卫生。

⑤添加药物预防，如氨丙啉，按 0.004％～0.008％的浓度添加于饲料和饮水中或莫能霉素按每千克饲料添加 0.3 克，既能预防球虫又能提高饲料报酬。

（3）治疗方法　治疗本病可选用以下方法对整个牛群进行投药：

①氨西咻，按每千克体重 25～50 毫克，一次内服，连用5～6 天。

②地克珠利或妥曲珠利拌料，连用 3～5 天。

③磺胺脒 1 份，次硝酸铋 1 份，矽炭银 5 份混合，200 千克的小牛，1 次内服 140 克左右，每日 1 次，连服数天，效果很好。

④呋喃西林按每千克体重 7～10 毫克，1 次内服，连用 7 天。

⑤黄芪蒿鲜草，犊牛用 500 克，直接喂服或灌服，连喂 2 日，病效显著。

⑥槐花 70 克、马齿苋 70 克、地榆炭 80 克、诃子 80 克、白毛翁 70 克、五倍子 80 克、磺胺脒片 50 克，研末温水调服，每日 1 次，连用 3 天。

99.　牛消化道线虫病的危害及其防治措施有哪些？

寄生于牛消化道内的线虫种类很多，危害极大，往往以不同的种类和数量同时寄生于同一头牛的消化道内共同形成危害，也可单独引起疾病，并且具有各自能引起疾病的能力和不同的临床症状，但也有很多共同之处，如引起消化道的炎症和临床上呈现消瘦、贫血、胃肠炎、下痢、水肿等。最常见的是捻转血矛线虫、仰口线虫、食道口线虫、夏伯特线虫等。

（1）危害

①引起消化道的炎症和临床上呈现消瘦、贫血、胃肠炎、下痢、水肿等。

②虫体常以前端刺入胃黏膜，引起损伤，造成真胃的炎症和出血。据统计 2000 条虫体每天可吸血 30 毫升。

③虫体分泌的毒素干扰宿主造血功能。

④影响胃液的分泌和消化吸收。

（2）防治措施 在预防中应该掌握以下几个方面：第一，改善饲养管理，合理补充精料，进行全价饲养以增强机体的抗病能力。牛舍要通风干燥，加强粪便管理，防止污染饲料及水源。牛粪应放置在远离牛舍的固定地点堆肥发酵，以消灭虫卵和幼虫。第二，根据病原微生物特点的流行规律，应避免在低洼潮湿的牧地上放牧。避开在清晨、傍晚和雨后放牧，防止第三期幼虫的感染；不饮死水、坑内水。第三，每年应在 12 月末至翌年 1 月上旬，进行一次预防性驱虫。但一般药物对于存在于黏膜中的发育受阻幼虫不易取得良好效果，国外试验证实，硫苯咪唑和阿弗咪啶对发育受阻幼虫有良好效果。

在治疗中，用来治疗牛消化道线虫药物很多，根据实际情况，现介绍以下两种药物。

敌百虫：每千克体重用 0.04～0.08 克，配成 2％～3％的水溶液，灌服。

伊维菌素注射液：每 50 千克体重用药 1 毫升，皮下注射，不准肌内或静脉注射，注射部位在肩前、肩后或颈部皮肤松弛的部位。但注射本药时需注意，肉牛在屠宰前 21 天内不能用药。

100. 牛螨虫病应如何进行防治？

螨虫病又叫疥螨、螨病。由疥螨和痒螨引起。以剧痒、湿疹性皮炎、脱毛和具有高度传染性为特征。牛螨虫病分布遍及我国各地，在冬、春季节，凡牛舍阴暗、拥挤、饲养管理差的牧场，不论水牛、黄牛均可发病，尤以犊牛受害最为严重。

（1）临床症状 疥螨寄生于牛的表皮深层，吸食组织和淋巴

液。痒螨寄生于牛的皮肤表面，以口器刺吸淋巴液。这两种螨的全部发育过程均在牛体上进行。经过卵、幼虫、若虫、成虫4个阶段。各种牛对螨均易感，但犊牛比成牛最易感。感染牛是主要传染源。健康牛接触病牛，或螨虫污染牛舍及运动场中的栏杆、用具、圈舍等而感染；本病在秋、冬季节多发。如果牛舍阴暗、潮湿、饲养密度过大，通风不良，饲养管理不善，卫生条件极差，可促进本病的发生。

（2）预防措施

①搞好环境卫生，保持牛舍和运动场干燥，通风良好，光照充足，勤换垫草。特别是冬、春季节，在加强保温的同时，让牛多晒晒太阳，加强牛的运动，加强牛舍的通风散湿，保证牛体的清洁干燥。

②环境和用具定期用杀螨剂喷洒消毒。特别是对已经发生过螨病的牛舍，要注意加强对牛舍墙壁的清理与杀虫，垫料进行无害化的处理。

③加强饲养管理，冬季注意补充营养，增强牛的体质，提高牛群机体抗病力。

④同群饲养的牛，密度不宜过大，避免牛群拥挤，减少相互间的接触与摩擦。经常检查牛群，发现病牛及时隔离和治疗，防止接触传播。

⑤引进或输出牛时要认真检查，并做好预防处理，避免病原传入或传出。

（3）治疗方法　治疗牛疥螨的药物种类、制剂和用药方法很多，使用时要注意选择，最好交替用药，或是中西结合等，防止虫体产生耐药性，提高治疗效果。

①西药疗法

A.3％敌百虫水溶液涂擦患部，每天1次。

B.0.2％杀虫脒（氯苯脒）水乳剂喷淋、涂擦或药浴。

C. 亚胺硫磷浇注剂（20％），10～20毫升/头，用注射器吸药沿背中线浇注。

D. 0.04%蝇毒磷水乳剂喷淋、涂擦或药浴。

E. 0.04%辛硫磷涂擦患部，2 天涂擦 1 次。

F. 2%～5%敌百虫水溶液或 1%～2%敌百虫废机油合剂，患部涂擦。注意用敌百虫治疗时，不可用碱性水洗刷，或是加热溶解敌百虫，否则敌百虫会转变成敌敌畏，引起牛中毒。

G. 伊维菌素或阿维菌素（虫克星），按体重 0.3 毫克/千克皮下注射。

H. 螨净（25%）按 1∶800 倍液稀释喷洒。

I. 溴氰菊酯或杀灭菊酯（20%～25%），用水稀释成 1∶7000 倍液涂擦患部或喷洒全身及栏舍地面、墙面，或配成 1∶5000 倍液作药浴。

J. 除癞灵注射液肌内注射或涂擦患部。

K. 蜱螨灵（25%）水剂配成 0.05%水溶液药浴。

②中药疗法

A. 陈艾叶 60 克、花椒 250 克、紫荆皮 120 克、硫黄 60 克、胆矾 60 克、石灰 120 克，共煎水，洗患处。连用 3～4 次，每次间隔 5～10 天。

B. 乳矾散局部涂擦。配方为：乳香 25 克、枯矾 100 克，混合磨成细面，制成乳矾散。用时，以 1 份乳矾散加入 2 份植物油（麻油、芝麻油、花生油、菜籽油、葵花子油均可）混合加热后涂于患处，连涂数次即可治愈。

C. 烟草水药浴。取烟草末 15 千克，与 50 千克水一并煮沸 90 分钟，过滤后加入苛性钠 1 千克，再加水至 250 千克进行药浴。

D. 火麻仁 200 克，猪板油 250 克；将猪板油熬化，炒火麻仁，趁热搽患处。

E. 取辣椒 500 克、狼毒 500 克、白胡椒 75 克，共研末。豆油 500 克煮开，稍凉，加上述粉末 50 克，再加热 15 分钟，待温搽患处。

③土方疗法

A. 硫黄 250 克，块石灰 50 克，加水 2000 毫升，取清液加入硫黄煮成棕红色，冷却涂擦患部。

B. 韭菜根 5 份、大葱 3 份、生姜 2 份、蒜 1 份，捣烂，用开水泡 30 分钟后涂患部。

C. 烟草末或烟叶 1 份，加水 230 份，浸泡 1 天，再煮沸 1 小时，取滤液涂擦患部。

D. 百部 100 克、酒 100 克，泡 24 小时后涂擦患部。

E. 宰鱼时砧板上的残留物，刮下后直接涂患部。

图书在版编目（CIP）数据

肉牛健康养殖技术100问/李助南等编著．—北京：中国农业出版社，2015.8（2017.3重印）
（新农村建设百问系列丛书）
ISBN 978-7-109-20849-0

Ⅰ．①肉⋯　Ⅱ．①李⋯　Ⅲ．①肉牛－饲养管理－问题解答　Ⅳ．①S823.9-44

中国版本图书馆CIP数据核字（2015）第201025号

中国农业出版社出版
（北京市朝阳区麦子店街18号楼）
（邮政编码100125）
责任编辑　肖　邦

中国农业出版社印刷厂印刷　　新华书店北京发行所发行
2015年8月第1版　　2017年3月北京第3次印刷

开本：850mm×1168mm 1/32　　印张：6.375
字数：152千字
定价：25.00元
（凡本版图书出现印刷、装订错误，请向出版社发行部调换）